人工知能解体新書
ゼロからわかる人工知能のしくみと活用

从零解说
人工智能

结构原理及其应用

（日） 神崎洋治 著
（神崎洋治）

邓阿群 李岚 译

U0243699

化学工业出版社
·北京·

化学工业出版社
·北京·

谷歌围棋人工智能AlphaGo与李世石的"人机大战"让人工智能成为人们关注的焦点。什么是人工智能？人工智能是如何工作的？人工智能对人们的生活有哪些影响？本书将带你找到这些问题的答案。本书共分为6章，第1章简要介绍人工智能的基础知识，第2章讲解神经网络的冲击，第3章叙述人工智能原理，第4章介绍认知系统和AI聊天系统，第5章介绍AI计算的最新技术，第6章介绍了实际应用中的人工智能。

本书适合对人工智能有兴趣的读者阅读。

JINKOCHINOU KAITAI-SHINSHO
Copyright © 2017 Yoji Kozaki
All rights reserved.
Original Japanese edition published in 2017 by SB Creative Corp.

This Simplified Chinese edition is published by arrangement with SB Creative Corp., Tokyo in care of Tuttle-Mori Agency, Inc., Tokyo through Beijing Kareka Consultation Center, Beijing.
本书中文简体字版由SB Creative Corp.授权化学工业出版社独家出版发行。
本版本仅限在中国内地（不包括中国台湾地区和香港、澳门特别行政区）销售，不得销往中国以外的其他地区。未经许可，不得以任何方式复制或抄袭本书的任何部分，违者必究。
北京市版权局著作权合同登记号：01-2018-5794

图书在版编目（CIP）数据

从零解说人工智能：结构原理及其应用／（日）神崎洋治著；邓阿群，李岚译. —北京：化学工业出版社，2018.9
ISBN 978-7-122-32639-3

Ⅰ.①从… Ⅱ.①神…②邓…③李… Ⅲ.①人工智能-研究 Ⅳ.①TP18

中国版本图书馆CIP数据核字（2018）第155634号

责任编辑：项 潋 王 烨　　　　　　　　文字编辑：陈 喆
责任校对：杜杏然　　　　　　　　　　　装帧设计：王晓宇

出版发行：化学工业出版社（北京市东城区青年湖南街13号　邮政编码100011）
印　　装：北京缤索印刷有限公司
710mm×1000mm　1/16　印张11　字数168千字　2019年10月北京第1版第1次印刷

购书咨询：010-64518888　　　　　　　　售后服务：010-64518899
网　　址：http://www.cip.com.cn
凡购买本书，如有缺损质量问题，本社销售中心负责调换。

定　　价：59.80元　　　　　　　　　　　　　　版权所有　违者必究

　　人工智能（AI）备受关注，电影和漫画中登场的人工智能被描绘成知识丰富、能正确判断、全知全能的一种存在，而现实中的人工智能并没有那么强大。但如果把它想象成"不是什么大不了的"的话，那又大错特错了。另外，感觉人工智能"与自己的工作和生活没有关系"也是不正确的。

　　那么，"人工智能"到底为什么了不起呢？人工智能了不起的地方就在于它具有现今计算机所不具备的能力。

　　首先是人工智能的"视觉"。随着摄像头和传感器性能的提高，人工智能可以汇集更丰富的数字图像，从而奠定了计算机图像识别的基础。但是如果只有图像识别，没有看图和辨别图像能力的话也是没有任何意义的。至今就是这样一种状况，然而随着"神经网络"技术的实用化，图像解析技术可以大幅度提高人工智能对事物的辨别能力。

　　但是，要发挥看图和识图能力，"学习"（机器学习）是非常必要的，庞大的大数据就是其教材。人类要通过多年才能积累的"看图经验"，计算机通过大数据很快就可以获得全部的经验，利用"深度学习"的机理分析并加以学习。使用深度学习方法进行学习，计算机能够建立区别事物、判别事物的模式。

　　获得了视觉的计算机能区分狗和猫，能推测人的性别和年龄。如果在汽车上装载这种计算机，汽车就能识别道路标志、步行者及其周围的汽车。这个过程与孩子通过学习在短时间内达到了大人认知程度的成长过程很类似。没有学习过的东西很难理解，从学习中发现各种模式，这样就能做出准确度高的预测和正确的判断。至今计算机没有做到的事情以及人们认为计算机做不到的事情，都将变得可以做到了。

　　学习、识别的能力不仅停留在"视觉"上，而且还能大大提高计算机的"听觉"能力。通过与高性能的传感器联动，计算机获得各种"感觉"的日子也日益临近了。计算机和人的区别就在于有无"感觉"和有无"情感"，现在这种差异正在急速缩小。

我们日常生活的很多事情都依赖于以计算机为首的电子机器，因此互联网可以说是生活中重要的基础设施之一。

获得视觉和感觉，预测和判断能力大幅提高的计算机和以前的计算机相比，能做的事情也发生了重大的变化。对于开发计算机或者使用计算机的人来说，今后若干年，计算机能做的事情有可能发生大幅度变化。在我们的生活中也是如此，现在人来完成的许多事情可能会被计算机或者机器人替代。

"人工智能"这个词汇或者说这种表达方式是否合适姑且不论，但是计算机正在发生着变革，这一点肯定没错。

本书将就一些热门话题进行介绍："人工智能"到底是什么，认为计算机已经接近人类的理由及其原理，"神经网络"及"深度学习"等术语，何为AI计算，这些技术如何实际应用等。

通过阅读本书，如果能让你感受到计算机的变革和AI计算的一部分，哪怕是那么一点点，我都将感到万分荣幸。如果能长期将这本书置于自己的手边我将感到非常高兴。

在本书发行之际，我要向在本书编写过程中给予我大力协助的企业和研究机构的各位同仁们表示深深的谢意！

神崎洋治

第 **1** 章

人工智能的基础知识

1.1 面向崭新的计算机时代

计算机专业杂志自不必说，一般的新闻报道中我们也能频繁地看到"人工智能"和"AI"这些词。

为什么会有如此之大的轰动效应呢？那是因为我们即将迎来一次自互联网诞生以来的计算机时代的大变革。

在近20年里，计算机的环境发生了很大的变化。1995年，微软公司的Windows95诞生，使得计算机台数激增，迅速普及。企业中的各种事务是通过一人一台计算机进行处理，基本上所有的事务都被计算机化了，据估计有10亿台计算机用于各种事务的处理。随着这些计算机接入互联网，计算机台数规模增大的可能性进一步扩大。

到2005年，智能手机取代个人计算机成为热潮。移动终端总是存在于个人手中，此时出现了通过互联网使用智能手机和个人计算机可访问的大型服务器的"云"服务，据说由此诞生了25亿的移动用户（图1-1）。

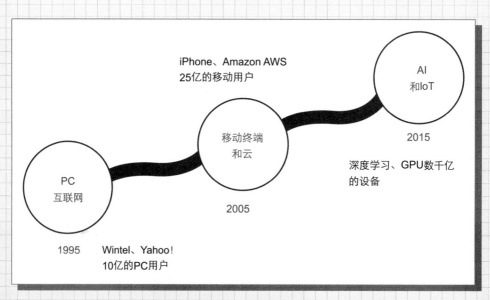

图1-1 计算机、互联网、移动终端和云，接下来是AI和IoT时代的来临

　　然后又过了10年，"2015年，时代发生了方向性的变革"，NVIDIA公司首席执行官黄仁勋先生说。今后将是AI（人工智能）和IoT（物联网）的时代，数千亿台和AI联动的IoT机器将会在全世界得到普及。

1.2　何为人工智能

《 人工智能会告诉你你喜欢的酒 》

　　东京某百货公司举办了一场关于酒和奶酪的活动。在那里举办方事先准备了1000瓶红酒，到场人员试饮之后，百货公司能给每一位到场人员准确地推荐他喜欢的红酒，作出这种推荐的就是一款人工智能机器——"AI品酒师"。

　　虽说是试饮，但要喝完1000种红酒也是非常困难的事情。此时AI就可以派上用场了。到场人员将试饮的红酒及其试饮后的感受从酸味、苦味、美味、甜味等方面分别用五个等级进行评分后输入智能手机，这些信息通过互联网发送到云端，AI系统会分析每个人的口味倾向。例如，通过分析可以得知到场人员是否对甜味比较敏感或者对苦味不太敏感等，通过这些分析结果，AI系统可以推荐到场人员下次试饮的红酒，并且同样再次分析试饮的结果并作为下次推荐数据使用。这样只需要通过试饮几种红酒，AI系统就能将每位到场人员每次试饮的口味进行组合，进而向他们准确推荐符合他们口味的红酒（图1-2）。

　　到场人员在社交媒体（SNS）上发表了许多诸如此类的意见，"让我邂逅了从未想到过的酒品""AI推荐的酒品成了我喜欢的酒"。

　　像这样"人工智能"进入社会，IT业界杂志自不必说，经济杂志、一般杂志、网络新闻中每天都频繁地出现"AI"这个关键词。

　　人工智能正在急速融入我们的生活中，那么人工智能原本是什么东西呢？我们所说的人工智能到底指的是什么呢？

图1-2　在平板电脑上输入多种酒的试饮感受后，能给试饮人员准确推荐适合其个人酒品
的人工智能——"AI品酒师"（红酒版）和"AI品酒师"（日本酒版，图中即是日本酒），
在百货商店的特卖会等场合进行过展示，开发者是起源于日本庆应大学的AI创新企业
COLORFUL BOARD公司

⟨ 什么是人工智能？ ⟩

　　人工智能的英文是AI，是Artificial Intelligence的略称，这个词最早
出现在1956年，是作为学术研究概念在达特茅斯会议上讨论并提出来的。

　　之后，在学术界继续研究人工智能实现的同时，科幻（SF，Science
Fiction）小说和戏剧等虚拟世界中，具有高度智能的AI也陆续登场了。故
事中登场的AI被描绘成这样一种计算机：收集了许多世界范围内的新闻，
可即时从庞大的数据库中进行数据检索，根据检索结果以超人的判断力对
未来进行预测并判断……人们从中得到对人工智能的印象是：全知全能的、
拥有和人类一样的智慧、拥有比人类更丰富知识的计算机（图1-3）。

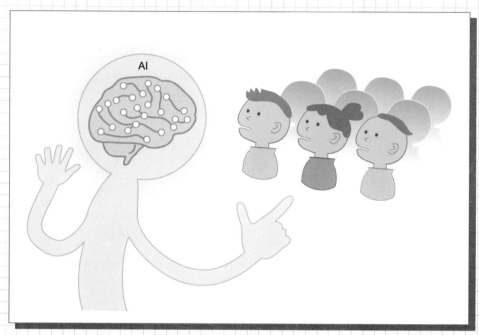

图1-3　当听到"人工智能"这几个字的时候，人们会想象它是具备超越人的知识和计算能力、全知全能的计算机，但实际上这样的计算机是不存在的

通用人工智能"AGI"

学术界把"具有和人类同样智慧的计算机"称为"通用人工智能"（AGI，Artificial General Intelligence），对于研究人员和开发人员来说，完成和实现AGI是他们多年的梦想。另外，大多数人从"人工智能"四个字联想到的也应该是AGI。

虽然AGI的研究从60多年前就已经开始并持续地进行着，但遗憾的是到目前为止，AGI在任何地方都还不存在，甚至还没有达到"即将完成"的程度。

现在的报道，让人感觉好像"通用人工智能"早已完成，已经开始在社会上得到广泛的应用，其实这种报道不一定确切。

那么，通用人工智能并未完成，为什么媒体却会使用"导入了人工智能"这样的表达方式呢？

那是因为这种表达方式虽然不能说很确切，但也不能说它完全错误。

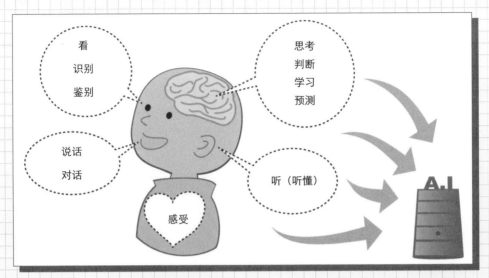

图1-4　人类具有各种各样的能力，研究人员正在进行考察计算机能否实现具有和人同等的
看、听、说、思考等能力的研究

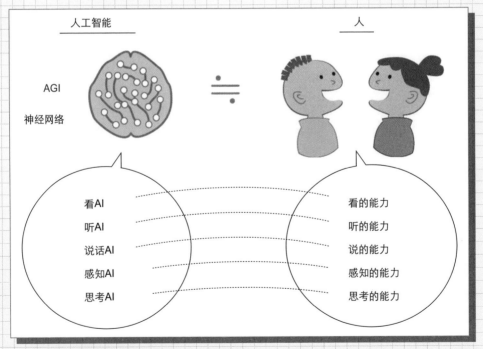

图1-5　随着各项能力接近或超越人的能力，终有一天通用人工智能（AGI）会诞生。随着
神经网络的不断发展，各方面都在接近人的能力

也就是说，实现AGI需要很多必要的技术，将实现AGI的必要能力与人类来进行类比就很容易理解了。例如，识别物体和人的能力、对周围距离和状况的把握能力、自然交流的沟通能力、理解对方感受的能力、针对对方提问进行正确回答的能力、对事物的判断能力……当这些能力接近于人的时候，最终把这些能力集合起来，作为AGI或许就能得到"升华"。为了灵活运用这些能力人们正研究开发一些要素技术，其中使用了模仿人脑结构的神经网络技术，取得了很好的效果。也就是说，使用了神经网络的技术和使用了神经网络的功能即可称为"人工智能"（图1-4、图1-5）。

1.3　强AI和弱AI（AGI和特殊型AI）

在新闻和一般的书籍中将神经网络称为人工智能，这种模棱两可的表达在学术研究和系统开发等领域并不可取。无论如何，人工智能就是通用人工智能（AGI），至少应该是与它相类似的东西，否则不应该被称为人工智能。

因此，我们把和1.2节介绍的神经网络等人工智能相关技术统称为"特殊型AI"。也就是说，为了区别不同程度的人工智能，把在某一特定领域，如图像识别、声音识别、自然语言对话等，为实现高精度开发的或者用到的人工智能相关技术称为"特殊型AI"（图1-6）。

现实中的特殊型 AI
- 个别领域的智能性行为
- 超越人能力的 AI 已经在多个领域得到实际应用。

例如：
- 计算机象棋 / 国际象棋
- 自动驾驶汽车
- 医疗诊断

目标通用人工智能 AGI
- 自我获取多种多角度的解决问题的能力
  - 对超越设计设想的新问题的解决能力
  - 自己理解 / 自主行为
- AGI 的实现是从 AI 诞生以来的梦想，但因为实现的难度大，能采取的努力措施很少。

图1-6　从学术领域、IT技术领域研究和推广人工智能研究成果的"全脑Architecture Initiative"机构建议把通用人工智能和特殊型人工智能进行明确区分

在学术研究领域，以前就有人主张并从行动上将术语进行区分，美国加利福尼亚大学伯克利分校教授、世界著名哲学家约翰·罗杰斯·萨尔（John Rogers Searle）通过使用"强人工智能"（Strong AI）和"弱人工智能"（Weak AI）这样的称呼来区别不同程度的人工智能。另外，对人工智能还有这样的哲学表达："强人工智能（Strong AI）是与计算机在不同维度上的精神寄宿体。"哲学的表达本书不做深入探讨。正如通用人工智能和特殊型AI之间有区别一样，弱人工智能（Weak AI）指的是可以在有限领域内以接近人类的高精度进行工作的系统或研究开发。

1.4 大脑是如何进行识别和判断的？

近年来，特殊型人工智能领域通过引入"神经网络"技术等，发挥了比传统计算机更高的能力。

神经网络是模拟人脑神经回路的结构和构造的数学模型（学习模型）。通过将神经网络技术嵌入传统的计算机程序中，提高了识别、对话、判断等的精度。一个具有代表性的事件是，在世界知名围棋选手和谷歌公司开发的计算机"AlphaGo"的对战中，AlphaGo完美地赢得了比赛，这是2016年3月发生的事情，相信很多人都还记得（图1-7）。

有人说，仅仅基于传统计算机技术的延伸，计算机要战胜围棋实力选手至少需要十年的时间。这样的说法被嵌神经网络等技术并学习了大量围棋战术的AlphaGo给颠覆了，"人工智能太可怕了！！"，一时间人们对人工智能的关注度直线上升。

前面提到，"神经网络是模仿人脑神经回路结构和构造的数学模型"，这是什么意思呢？

学术研究上，对人脑结构并没有完全研究清楚，人脑内还充满了许多神秘色彩，各种研究正在进行当中，也建立了许多假设。为了便于理解，我们仅就人脑的结构进行粗略解释（详细请参考专业书籍）。

图1-7　围棋实力选手和人工智能AlphaGo进行对决的比赛（视频出自YouTube
DeepMind官方频道）

左脑和右脑

　　人脑大致分为左脑和右脑，其作用各不相同。

　　左脑也称为"逻辑思考"脑，主要具有语言、会话（发声）、分析、判断、计算、推理等思考和逻辑思维的功能。

　　右脑具有对诸如视觉、听觉、嗅觉、味觉、触觉等进行感官处理的"感性和知觉"等功能，具有直觉、艺术性、创造力、读取图形和图像的能力（图1-8）。

　　人的左右脑各有各的功能，根据传入的消息执行上述活动和行为。在人工智能研究中，主要有两种考虑方法，一是使用计算机创造与人脑本身相同的东西，另一个是通过计算机实现和人类同等的"思考和逻辑"及"感性和知觉"的功能。现在来说后者的考虑方法是比较现实的，本书也是基于后者的考虑方法进行介绍。尽管人的左脑和右脑各有分工，但在人工智能技术中，则不管左脑、右脑如何分工，主要是模拟人脑的各项能力，最终使人工智能接近人脑的能力（图1-9）。

　　对于左脑能力中的"计算能力"，计算机已经超越人类，但那只是在单纯的计算领域，在需要运用灵感的计算方面，现在的计算机还是存在许多力不从心的地方。在语言、对话（发声）、分析、判断、推理等领域，人们开始采用AI相关技术来提高计算机的能力。

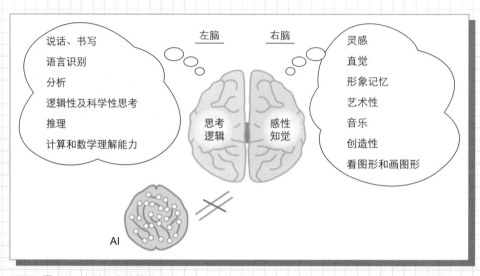

图1-8　左脑和右脑的分工

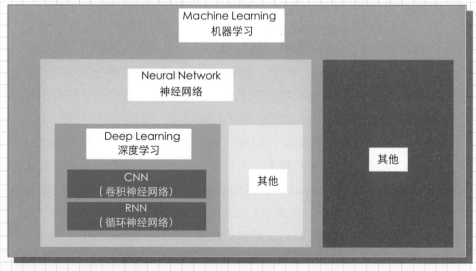

图1-9　通过人工智能实现和人类大脑相同的功能

视觉、听觉、触觉等感觉的信息由传感器负责收集，AI相关技术负责识别和分析从视觉得到的图像信息。

各自的专业术语我们会在后面介绍，但由于"机器学习""深度学习"等AI相关技术的进步，可以想象这些功能的精度将会得到大幅度提高。

《 神经细胞和突触 》

据说大脑是由超过300亿个"脑神经细胞"构成的（关于数量有各种说法），这里的脑神经细胞称为"神经元"（Neuron）。大脑本身具有的高度计算和认识能力就是通过神经元之间的信息传递产生的。

那么，人又是如何通过神经元来认识和回忆事情的呢？

神经元的主要作用是进行信息处理和向其他神经元传递信息（包括输入和输出的信息）。突触是神经元之间的连接元件，起到神经元之间通信线路的作用，信息一层一层地进行传递并得到处理，其结果就是信息被传递到大量的神经元，并进行必要的信息处理（图1-10）。

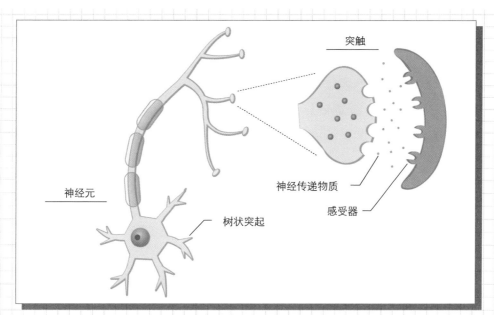

图1-10　脑神经细胞（神经元）的模型图——人脑里存在无数这样的神经元，通过突触将神经元联系起来，信息以电信号的形式在神经元之间进行传递

　　例如，人们在看到照片时经常会回想起当时的场景。当看到狗的照片的时候，那个图像信息会通过突触扩散到脑内的神经元。此时，并不是所有收到图像信息的神经元都会有反应，而只有和这个图像信息相应的神经元才会有反应（有时这种现象也称为"点火"）。

　　从照片的图像中可以获得"哺乳类"的信息，认识"哺乳类"的神经元接收到这个信息时会进行反应，同样认识"虎头狗"信息的神经元也会反应，进而再获得"狗""黑白图案"信息，以此类推，认识"山田先生""露营地"等的神经元都会进行反应，这样大脑就会得到"在去露营地的时候，山田先生带了一只叫虎头狗的狗，它的全身呈黑白花纹状"的信息，这样大脑就能回忆起这张照片是当时拍的照片（图1-11）。神经元的数量越多，信息越丰富，由"点火"的神经元产生的灵感就越多，这种情况下或许就有了"聪明""天才"等结论。

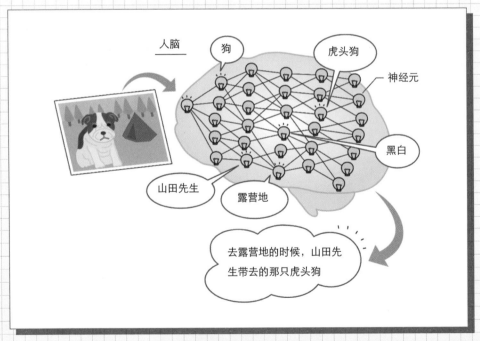

图1-11　看到照片时，图片信息通过突触在脑内无数个神经元之间进行扩散，和图片信息相对应的神经元会反应并将信息连接在一起从而认识、回忆照片当中的情景（插图为示意图）

在这个例子中，认识照片中内容，进而回想起拍摄照片时的情景，如前所述，大脑进行了记忆、学习、判断、计算等各种智能性的处理，神经元也有着各种各样的作用，进行各种各样的处理，在传达信息和处理上发挥了不同的能力。

因此，神经网络是通过在计算机上模仿人脑的这种结构，要在某些特定功能上实现高度能力的数学模型。

1.5　数字识别方法（以前的方法）

"神经网络"是模仿人类脑神经回路结构和构造的数学模型（学习模型）。下面我们来说明一下神经网络与以往计算机的计算方法（算法）有什么不同。

请大家回想一下图像识别系统。

很早之前计算机读取数字的系统就已经在运用了，它是一个识别印有数字的图像并将其转换成数值的系统。

以前的系统是用怎样的机制来进行数字识别的呢？

一种方法就是"模式匹配"。如果和读到的图像完全相同，那么就转换成那个数值。如果读取的图像是倾斜的，通过旋转图像来判断是否相同，如果是相同的就转换成那个数值（图1-12）。模式匹配技术不仅仅适用于图像，也可用于识别文本文字和数列等。

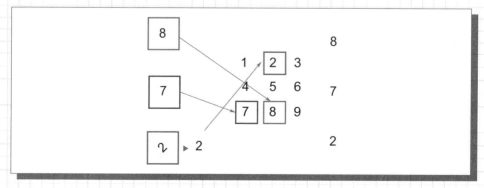

图1-12　计算机搜索和输入图像模式相同的图像进行数值转换。针对倾斜的图像，先调整图像，之后查找出和它模式相同的数字

这样，要实现识别预先确定形状的数字的系统在技术上就没有难度了。

如果事先不知道以什么字体打印数字图像时又怎么办呢？

在数字识别系统中，有一种方法可以解决这个问题，即为了识别不同的形状，通过新追加模式的规则来提高正确识别率。预先让计算机学习几种至数十种字体的图形模式，这样数字识别系统不就能够支持各种各样的字体了吗？

但是，字体在某种意义上是无限多的，所以如果要建立任何形式的数值都能读取的系统，则必须事先学习包含特殊情况在内的庞大的模式规则，程序员必须事先录入大量的字体模式信息，而且当有新字体形状出现时还必须追加与那个字体相匹配的字体模式。

即使数字的形状有很大的变化，人都能清楚地进行判别，但是要使计算机能做同样的事情却是很困难的（图1-13）。

如果不是完全相同的形状就无法识别是症结所在的话，那么是否可以考虑以每个文字的特征来进行判别呢？

如果用语言能够描述一个数字的形状的话，那么这种描述就是数字的特征。

如果读到的文字是"两个〇纵向排列"，那就是"8"了。"有〇，但和斜线相组合"，那么这个数字要么是"6"，要么是"9"。进一步区分，"上半部分有斜线或弯曲的线"是"6"，"下面有斜线或弯曲的线"则是"9"。

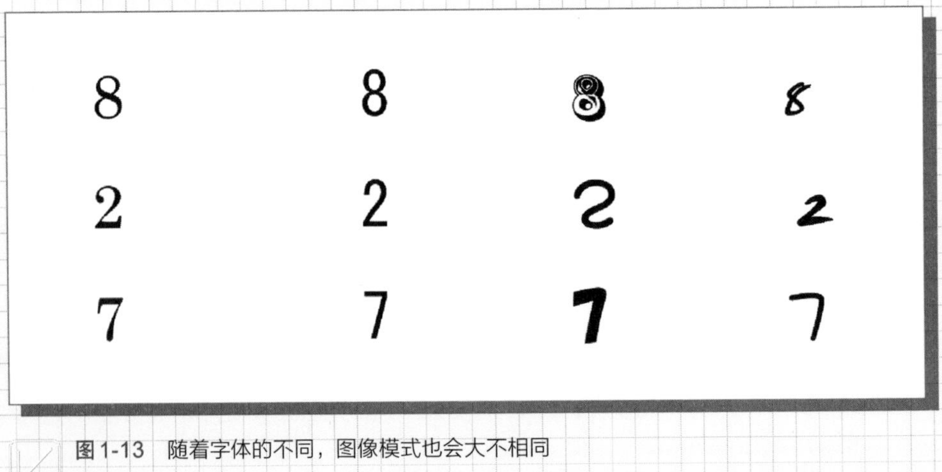

图1-13　随着字体的不同，图像模式也会大不相同

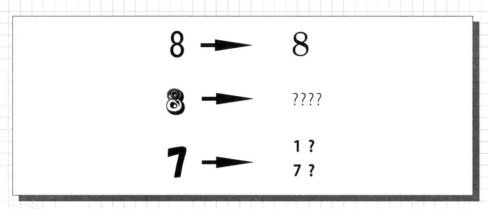

图1-14　要识别形状特别的数字，需要各种字体的模式数据

　　这就是通过规则化每一个数字的特征来进行判别和区别的方法。采用这种方法，只要能准确地抽取并描述出每个数字的形状，不管是什么字体的数字，都可以高精度地识别出来（图1-14）。

　　但是，在此基础上再考虑手写数字的话，情况又会发生变化。手写数字会存在脱离标准规则的写法，这种字体作为一种默契在日常生活中被人们广泛使用（图1-15）。

　　像这样根据预先设定的规则，计算机进行识别、分类、判断的手法，称为基于规则法。

　　上面讲的虽然是一个简单的例子，但基于规则法即使是复杂的问题，采用面向专业领域特殊制作的计算机，可以通过学习大量条件，许多问题都可以较高的准确率推导出正确的答案，这就是"专家系统"。

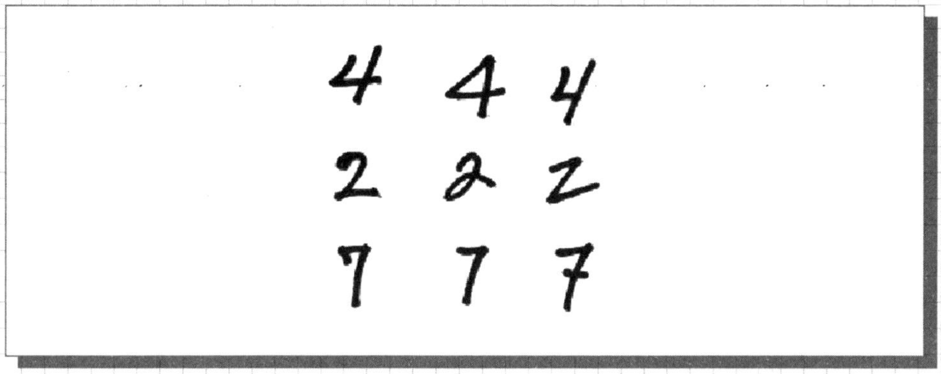

图1-15　这是即使是相同的数字写法上也大不一样的例子。这些规则如果不能全部让计算机学习到的话，手写数字的高识别率就没法实现

＜ "if…then" 形式的规则 ＞

很早以前，计算机采用"if…then"形式的规则来解决问题和进行判断，这种方法一直沿用至今，可以说这种方法是计算机"程序"的基本。

"If this is an apple, then it is a fruit."（如果这是一个苹果，那么它是一种水果。）这样的"if…then"英语惯用句，我们或许都有这样的经验，都会将它按照"如果××那么××"条件语句去记忆，计算机的程序中就频繁地使用了"if…then"。

比如，以问答系统为例，以前是基于"if…then"，根据条件导出答案的方法来构筑问答系统。通过很多条件，也可以进行复杂的判别、分类、判断等，但是工程师必须先通过程序进行设定，计算机才能进行辨别，而且对于脱离这些条件的情况，要像人类那样随机应变地理解或推理是很困难的。

解决这种困境的就是基于"神经网络"的"机器学习"。

1.6　机器学习和大数据

前面介绍了，神经元网络通过模仿人类的脑神经回路的构造原理，实现了让计算机能够进行与人类相似的思考，那么人是用什么方法进行学习的呢？

以记数字为例，每个数字的标准形状我们都会从学校或者家里等地方学习得到，最终就可以了解到各个数字的"粗略特征"，这样即使数字的字体不同我们也能读懂。另外，在读到很多文字的过程中，也有从经验中学习的，比如，"有人是这样子写2的""7的写法因人而异，有各种各样的写法"等经验。

人通过大量学习变得"聪明"起来，计算机也通过"看"（解析）庞大的数据（大数据），理解"粗略特征"，再通过大量"看"各种各样的手写文字，理解到手写文字存在着各种写法，这样的方法就是"机器学习"。

基于神经网络的机器学习和人类根据经验进行学习积累的方法很

相似。

这种学习方法需要大量的样本数据，而且，样本数据越多识别精度就越高。使用神经网络的机器学习中，首要的是要有大量的学习数据，即"大数据"。这几年里，神经网络之所以取得了长足进步是由于大数据的积累，不仅是企业积累的庞大的大数据，互联网上也公开了庞大的信息。

1.7 特征向量

机器学习具体是如何认识和识别事物的呢？上面所说的"粗略特征"用专业术语描述的话，称为"特征向量"。特征向量是计算机对事物进行分析并找（提取）出来的特征，在计算机内部的实体是向量值（多个数字的组合）。

神经网络中，抽出这种特征向量的做法和人类很相似。

比如，人是通过什么来区分猫和狗的呢？区分猫的特征是什么？

耳朵竖着，鼻子突出，有胡子，身体上覆盖着毛……可能会如此回答，但这种特征并不是只有猫才有，狗、狐狸也有同样的特征。另外，即使是猫，也有耳朵垂下和鼻子不突出的种类但人类也还是可以分辨出那是猫还是狗。

"人通过什么来区分猫和狗呢？"针对这个问题很多人都会给出这样的暧昧回答："通过哪儿来区分说不上来，但大体上都知道的。"

但是，那一定是正确的答案，而且能分辨的人都是有足够多的看过狗和猫的经验的人。就像小孩有时会搞错一样，在没怎么见过的时候弄错的可能性更大，居住在周围有狗和猫的环境中的人就不太容易搞错。当被问到"分得清'黄鼠狼'和'貂'吗？"这种问题的时候，对动物不感兴趣，也没怎么见过这些动物的人一定分不清楚，但喜欢动物的人或者学者肯定不会搞错的，因为他们通过看动物的经验理解了这些动物的特征。

按照以前的编程方法，"通过哪儿来区分说不上来，但大体上都知道的"这种感觉上的分类方法没有办法给计算机下指令，因此，在计算机上几乎没有办法让它准确分辨出狗和猫，或者仅仅为实现这么简单的系统，要花费大量的人工和时间（图1-16）。随着神经网络的发展，只要有大数据，计算机就能像人类那样从经验中抽取出特征向量，使得高精度辨别物体成为现实。

图1-16　对于区分狗和猫的问题，人基本上都能正确地进行区分，但是让计算机来区分的话却很困难

1.8　和人一样学习的机器学习

备受瞩目的人工智能（AI）的核心是"机器学习""神经网络"和"深度学习"这三点。作为关键字有3个，但要点却只有一个，即基于使用了"深度学习"构造的"神经网络"（数学模型）的"机器学习"（图1-17）开始在实际中得到应用了。

本书开头介绍的人工智能"AI品酒师"也使用这些技术。AI之所以成为热议话题，是因为是否导入这个技术，可能会导致未来服务或系统出现巨大差异，这样一种危机感在推动AI热潮。

在介绍"深度学习"的构造之前，再举个具体例子，说明一下"基于神经网络的机器学习"。

事先要准备几千张狗的图像。为了告诉神经网络"狗"就是这样的，要给神经网络指定这些图像（让神经网络读入这些图像）。使用行业术语来说的话，也有"喂食神经网络图像"这样的说法（虽然有点粗俗，但是作为一种说法让人觉得还是比较通俗易懂的）。

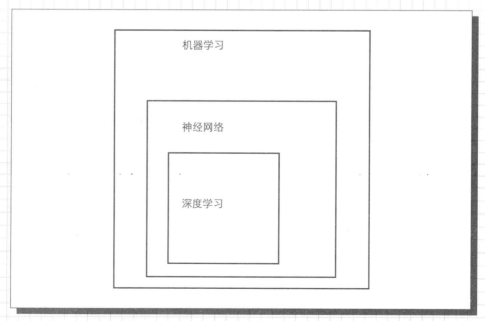

机器学习

神经网络

深度学习

图1-17　"机器学习"顾名思义就是计算机学习。这种学习形态使用了模仿人脑的"神经网络"，通过使用"深度学习"的构造模型，精度得到巨幅提高

于是，神经网络不停地对图像进行解析并抽取图像的特征，之后随着抽取出的特征不断累积，就可以计算出狗的"特征向量"，这种特征和人对狗的认识的特征一样，最后使用这种特征向量就可以识别出图像中是否拍摄有狗（图1-18）。

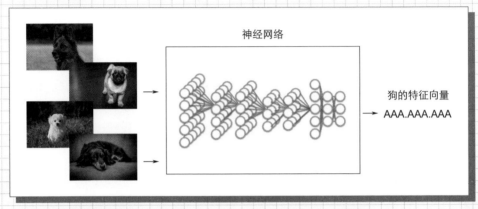

图1-18　在识别几千张狗的图像后，就能学习到狗的特征的神经网络

接下来将猫的图像"喂食"给神经网络，同样，计算机也不停地进行图像解析，理解猫的特征（图1-19）。

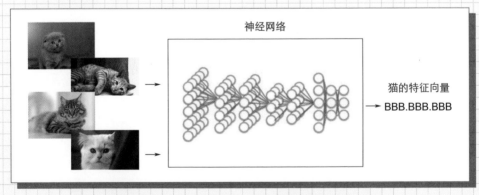

图1-19　在识别几千张猫的图像后，就能学习到猫的特征的神经网络

计算机通过学习，就能建立掌握了狗和猫的特征的神经网络及其算法。这样如果再次"喂食"神经网络"狗"或"猫"的图像并下指令让其"分类"的话，它就可以识别这张图像到底是"狗"的图像还是"猫"的图像

（图1-20）。

这是基于神经网络的机器学习的全过程。

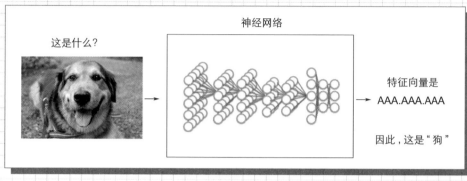

神经网络

这是什么？

特征向量是
AAA.AAA.AAA

因此，这是"狗"

图1-20　掌握了狗和猫的特征向量的算法"看到"图像后就能识别出图像中的动物是狗

神经网络的结构和机器学习的方法等内容我们后面还会作详细介绍，第2章中将介绍几个近几年兴起的神经网络相关的话题，这些都是现在人工智能热潮中，学习神经网络应该知道的事情。读者如果在新闻报道上已经了解了这些内容的话，请跳过第2章，直接进入第3章进行阅读。

第 **2** 章

神经网络的冲击

2.1　谷歌的猫

　　有人说"谷歌的猫"事件标志着人工智能第三次热潮的到来。人工智能第一次热潮发生在20世纪60年代，人们带着惊讶迎来了最初的热潮（人工智能黎明期），但当时的人工智能距离完全实现还较远，不久人们的惊讶就变成失望。在20世纪80年代人工智能的第二次热潮中，人们关注的仅限于特定领域回答和解决专业问题的系统，在日本，人们对当时通商产业省投资预算570亿日元的"第五代计算机项目"满怀期待，但是最终没有成功。

　　于是，迎来第三次热潮的契机是2012年发生的俗称"谷歌的猫"的事件，在这个"谷歌的猫"（图2-1）事件中使用的技术就是神经网络。

　　2012年6月，美国谷歌公司的研究团队"Google X Labs"（当时的名称）发布消息称，通过计算机的自主学习，计算机能够自己认识"猫"。由于是以搜索引擎而著名的谷歌公司发布的消息，有很多人误以为是指定"猫"为关键字，瞬间就能查找到猫的图像并加以显示的功能，还有人误以为是输入"猫的图像"关键字后计算机会找到其他的猫的图像的功能。但是，当理解了谷歌公司所发表内容的时候，令人惊讶的同时，一张猫的图像成为网上热点话题。

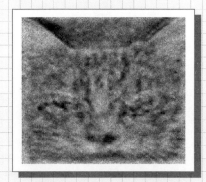

图2-1　谷歌公司公开发表的计算机通过基于神经网络的机器学习认识的图像，俗称"谷歌的猫"

　　Google X Labs的工作人员从上传到YouTube的动画中随机截取几千张200px×200px（像素）的图像，并把这些数量庞大的图像输入实验中的神经网络中。因为神经网络如前所述，其记忆和学习的方法被认为是接近人类的，所以可以理解为神经网络将几千张图像全部看一遍就可以了。

　　神经网络学习了几千张图像后，发现了猫的存在，理解了猫的特征，就能识别猫了。

并不是人给计算机定义什么是猫，也不是人教给计算机什么是猫，计算机只是从庞大数量的图像中独自理解了猫的存在，提取了猫的特征向量，进而分辨出了猫。

"如果就这样让神经网络不断地读取互联网上的数据，那么神经网络不就可以不断地无限地识别所有东西了吗？""或许瞬间就能独自诞生一种比人类更具丰富知识的计算机吗？"等等的猜测满天飞，就这样"谷歌的猫"成了当时一个冲击性很大的话题。

2.2 游戏AI计算机——DQN

继"谷歌的猫"之后，接下来发表神经网络相关话题的公司还是谷歌，准确地说是由谷歌公司收购的英国DeepMind公司发表的，这也把"深度学习"这个关键词推到了台前。

英国DeepMind公司是被誉为国际象棋天才少年的戴密斯·哈萨比斯（Demis Hassabis）在剑桥大学学习后于2010年成立的年轻公司，2014年被谷歌公司收购。

DeepMind公司2015年实验性地开发了名为"DQN"的用于玩视频游戏的计算机系统，请注意，不是"视频游戏计算机"，而是"玩视频游戏的计算机"。然后，DQN的实验结果于2015年2月在《自然》杂志上发表了。

DQN代替人玩了"打砖块""吃豆人""太空侵略者"等Atari 2600游戏机中的49种游戏。没有提前教DQN任何游戏规则和得分方法等，DQN在什么也不知道的情况下开始玩游戏。

DQN刚开始的时候玩得并不好，之后渐渐打出了高分数。例如，在玩"打砖块"的时候，最初连如何弹回弹球的操作都不会，只能呆呆地在那儿不断重复失败，不久，偶然间弹球击中砖块，因砖块被击碎而得分，于是DQN记住了这一得分规则，就开始努力地弹回弹球，也就是说，DQN学会了通过弹回弹球来击碎砖块就可以得分的规则。

DQN在200次游戏中将弹回弹球的命中率提高到了34%（图2-2）。打砖块游戏随着连续进行对打拉力赛，弹球的速度变得越来越快，DQN需

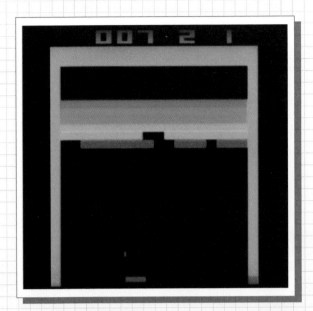

图2-2　打砖块游戏画面。DQN记住通过弹回弹球将砖块击碎就可以得分，通过自主学习，在大约200次游戏后弹回弹球的命中率达到了34%（图像来自DeepMind公司Youtube官方视频网站）

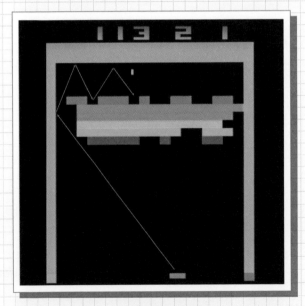

图2-3　DQN不久发现比较高级的技术（攻略）"隧道技术"，知道了从内侧弹入弹球击碎砖块时的得分更高

要学习配合弹球速度掌握弹球的还击时机。另外，打砖块游戏中，要得到高分还是有技巧（攻略）的。只集中击碎一列砖块，打开一个洞，通过这个洞从砖块的另一侧击碎的话，可以得到更高的得分（图2-3）。计算机通过玩了超过400次游戏后自主地发现这种技巧，就学习到了使用该技巧可以获得高分的规则。在几轮游戏中，取得了超过职业玩家的好分数。

并没有谁教DQN游戏规则和获得高分的方法，DQN以获得高分为目标，一边玩游戏，一边自主地学习游戏规则和获得高分的技巧。

此后，DQN进一步得到改良和强化，仅仅一年之后，名为"AlphaGo"的AI围棋计算机和世界顶级的职业围棋选手李世石对决，并战胜了李世石。

2.3 图像识别竞赛中深度学习取得决定性胜利

和美国斯坦福大学开发的图像数据库"图像网"（ImageNet）相关的国际大赛定期举行。

在名为"图像网大规模视觉识别挑战赛"（ILSVRC, ImageNet Large Scale Visual Recognition Challenge）的物体识别（图像识别）的竞赛中，先让计算机识别图像，计算机要猜测图像是在什么情况下拍摄了什么，以计算机识别的准确度来决定比赛的胜负（图2-4，计算机需要识别大量图像）。

在这个比赛中发生了一起划时代的事件。计算机回答图片中拍摄了什么的回答错误率称为"错误回答率"或"错误率"。在2012年ILSVRC竞赛中，多伦多大学的杰弗里·辛顿教授带领的团队"超级远景"以错误率达2位数以下，超过其他参赛团队10%以上的成绩获得冠军而引人注目。在那之前，其他团队的错误率大约26%，"超级远景"错误率为17%，这也显示了他们压倒性的超强能力，这是基于"深度学习"的机器学习的成果。

这一事件足以激发人工智能研究人员和机器学习开发工程师的斗志。17%的错误率是6张图片中只错了1张，由于深度学习系统的出现，错误率的纪录每年都被刷新，2014年GoogleNet以6.7%的错误率赢得冠军。其他排位靠前的队伍也都采用了深度学习，结果还是被GoogleNet横扫了。2015年，微软的"ResNet"（Deep Residual Learning）更是完成了报名参赛的五个领域全都获得第1名的壮举（图2-5）。那个时候的错误率达到了3.57%。因为有说法说人的错误率大概是5%，所以甚至有人说，基于深度学习的图像识别技术已经超出了人类的认知能力。（图2-6、图2-7）

深度学习不仅仅在图像识别方面取得了成果，在语音识别领域里也取得了成果。2016年10月，微软发布了语音识别单词错误率创5.9%的好成绩。通过使用神经网络和机器学习相结合的系统，大幅度刷新了以前10%左右的最好成绩。

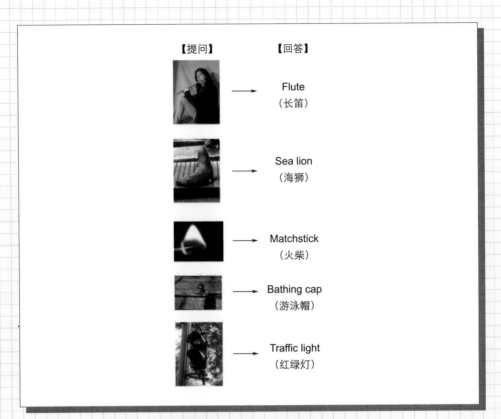

图 2-4　计算机识别图像竞赛问题最简单的例子（摘自 IMAGENET 资料）

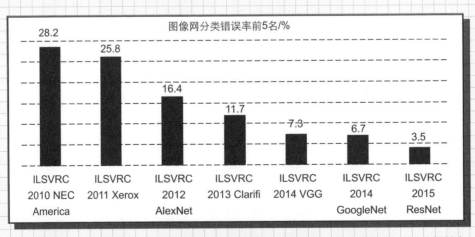

图 2-5　2015年的 ImageNet 物体识别（图像识别）比赛中，微软报名参加的5个领域全部获得了第1名，创下了错误率3.5%的好成绩（根据微软PPT资料制作）

　　图像识别和语音识别技术已经在许多系统中使用：监控摄像机、OCR（光学字符识别）系统、个人认证、指纹认证、语音对话、声纹分析等。ILSVRC的成果表明，已经在实际应用中的系统的识别精度通过引入深度学习技术可能会得到显著提高。

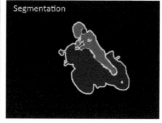

图2-6　有摩托车和人的区域被正确地区分了（引用自IMAGENET的PPT资料）

图2-7　区分出了有人和狗的区域，识别出了其他东西（引用自IMAGENET的PPT资料）

2.4　AlphaGo完胜围棋实力选手

　　2016年3月9日，职业围棋选手李世石先生与专门学习了围棋的人工智能"AlphaGo"对战，李世石先生是韩国围棋的九段高手，获得过10多次日本国际棋赛冠军，可以说是实力非常强的围棋选手。"AlphaGo"则是由谷歌公司旗下DeepMind公司开发的（游戏对决中导入深度学习的人工智能DQN的开发公司）。（图2-8、图2-9）

　　在此之前，国际象棋和象棋中AI计算机战胜人类实力选手的历史也有过。然而围棋与国际象棋或象棋相比有更多的招式，并且人们认为计算机需要一个庞大的系统才能模仿人类实力选手的招式使自己变得更强大。此外，围棋选手界的许多专家认为，计算机无法赢得围棋比赛，其原因在于"围棋的人性"。因此，IT界的大多数专家也预测："总有一天AI会战胜人类，但赢得人类还比较遥远，至少是10年以后的事情。"

图2-8　李世石对决人工智能AlphaGo，成为世界瞩目的大事（出自DeepMind公司YouTube官方频道）

图2-9　图中左边是围棋选手李世石先生，中间是DeepMind公司CEO戴密斯·哈萨比斯先生（出自DeepMind公司YouTube官方频道）

　　AlphaGo和李世石的对决是5盘定胜负，比赛分别于3月9日、10日、12日、13日和15日举行。AlphaGo在第一天经过三个半小时的激战战胜了职业围棋选手。AlphaGo下了几手让围棋实力选手和实况解说员看来都表示怀疑的独特的招式，然而继续下来，不知不觉中AlphaGo就取得了棋局的优势地位。之后，AlphaGo采用了貌似犯忌讳和出人意料的招式相结合的方式进攻，连实况解说员都觉得似乎是AlphaGo错误的几招过后赢得了棋局的控制地位。就这样，5场比赛的结果是AlphaGo以4胜1负的成绩获胜。

　　这件事在大型新闻网站以"AI超越人类"这样具有煽动性的标题进行了报道，平时不玩围棋的人和IT行业毫不相关的人对此事都给予了高度的关注。这样，很多人都把"人工智能"作为"下一代的关键词"进行考虑。

2.5　无碰撞汽车

　　2016年1月在美国拉斯维加斯举行的"2016年国际消费类电子产品展览会（International Consumer Electronics Show 2016，CES2016）"

上发布的演示内容，即丰田汽车公司（以下简称丰田）、日本电报电话公司（以下简称NTT）、Preferred Networks公司（以下简称PFN）开发的"无碰撞汽车"成为热门话题。（图2-10）

图2-10 相互无碰撞的汽车（出自"可以看到学习互不相撞的人工智能自动驾驶车的丰田展位"Car Watch, 2016年1月7日 http://car.watch.impress.co.jp/docs/event_repo/ces2016/738110.html）

演示内容为几辆普锐斯的微型车在特设会场内行驶。起初它们会相互碰撞，在行驶过程中它们会自主地进行学习以免发生碰撞，最终它们会察觉各自的位置和相互间的距离并相互礼让，成功实现了零碰撞。

对于丰田来说主要展示在自动驾驶中不会发生碰撞的未来汽车的概念，NTT负责和通信相关的部分，PFN负责以采用"深度学习"（后面介绍）来实现无碰撞驾驶的机器学习为主要内容的人工智能控制部分。

这里有几个关键点需要说明。

‹ 自主行驶和自主学习 ›

如果是以前，想做同样演示的时候，或许可能会事先决定所有汽车的行驶路线和速度，以使它们不会相撞。如果使用计算机，则可通过计算来调整车速和时机等，并重复使用这些计算手段来避免相撞。这些工作可用编程来实现。因为计算机擅长预设计算、预设时间的处理，所以能确保汽车不发生碰撞。

但是，这个演示中自主行驶不是预先由程序来决定的，而是汽车（演示是微型车）自主地进行判断、行驶。每辆车的行驶路线都是任意的，而不是预先确定的。

人使用无线电来操控微型车行驶，最初也都会经常发生碰撞。但是，在不断重复操控的过程中，人会不断学习避开周围车辆以免发生碰撞的方法，如掌握避让车辆的要诀、降低速度、停下来让车、避开其他车要前行的路线等方法。人工智能（神经网络）的学习方法也和上面方法相同，事先编程实现的只是其中非常基础的部分，计算机会根据经验来进行学习。这是与传统计算机编程技术有很大不同的地方。

支持未来汽车的基础设施

许多汽车制造商正在着手开发自动驾驶汽车，其关键技术在于，硬件方面的传感技术和软件方面的基于深度学习等机器学习的AI相关技术。

然而，当初许多人对实现自动驾驶持怀疑态度，认为"自动驾驶车辆超过人的判断是没有可能性的"。

从现在的汽车上将驾驶员撤下，取而代之让机器人进行驾驶的话，确实还很困难，但是实际上不是这样。

实现自动驾驶也包含使用通过和其他车辆或基础设施互联来进行信息共享的重要技术。若能看到在自己前方100m的汽车所能看到的风景会如何呢？若能看到交叉路口处设置的摄像头所捕捉的行人和其他车辆的影像又会如何呢？这样不比现在依赖人的视野驾驶汽车更安全吗？

在每一辆单体的汽车里，通过传感器感知周围情况，自动沿车道行驶，并依据判断自动刹车等，都使用了人工智能相关技术。

另一方面，为了提高安全性，有必要和周围环境进行交互，一方面是和安装在街道或者道路沿线的摄像头进行交互。例如，在由人驾驶的汽车中，人从驾驶室看到的可以说几乎是所能看到的所有信息，但是如果使用安装在交叉路口的摄像头，则可以感知从左右车道进入的其他车辆。此外，如果可以和前面的车辆共享信息，还可以感知遥远的前方发生的异常情况。（图2-11、图2-12）

图2-11　NVIDIA公司研发的自动驾驶车的实际分析影像。使用神经网络，可以实时地检知周围汽车的位置、对面车的位置、可以使用的空间等

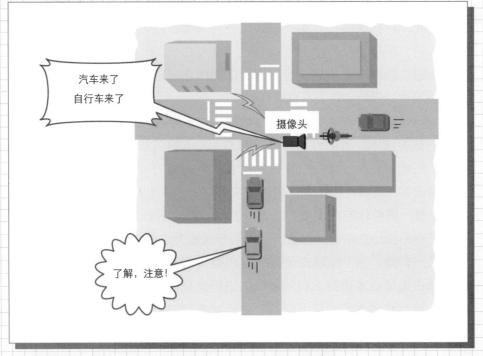

图2-12　和设置在路口的摄像头进行通信，可以提前知道是否有进入路口的自行车、行人和汽车，这样可以防止事故发生

智慧城市和边缘计算

自动行驶车辆的安全驾驶构想不是要停留在以往那样的单车安全驾驶层面上，而是要利用通信、影像等各种IT技术来实现多车安全驾驶。

这些是依靠基础设施来实现的，但这里也有些课题有待研究。智能手机等终端高速处理的功能还不够，如果要尝试使用高性能云服务器进行处理，通信又成为瓶颈。"边缘计算构想"正在试图解决这个问题。（图2-13）

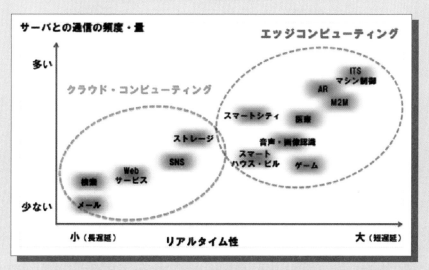

图2-13 云计算是通过网络和使用者连接，物理设置距离比较远，通信延迟的可能性比较大。实时性要求比较高的信息访问是通过设置在使用者所在地域的边缘计算来实现的

简单地说，边缘计算就是在与使用者物理上相近的地方设置边缘服务器，地域性和实时性要求较高的重要信息通过边缘服务器进行解析，并提供或共享的这样一个构想。

例如，在城市的一些地区，对自动驾驶来说，诸如通过周围交叉路口的车辆和行人、停放的车辆、异常等是重要的信息。理想情况下，可以通过与安装在该区域中的能够进行高速处理的边缘服务器进行通信并使用此类信息。另外，还有一种考虑，就是边缘服务器通过AI技术分析周边环境，判断最佳行驶方案，并与自动驾驶车辆进行通信，从而获得更安全的技术支持。（图2-14）

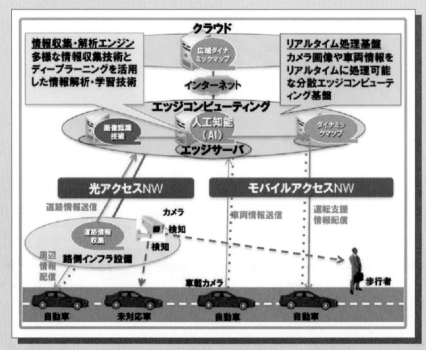

图2-14　使用AI技术的边缘服务器通过与监视道路状况的摄像头及其他自动驾驶车辆进行通信，把握车辆周围行人和全部车辆的位置及行进路线等，瞬时处理安全行驶所需判断的详细信息，并和其他汽车共享"支援高度驾驶的边缘计算技术"（来自NTT的新闻公告）

　　NTT参与该项目和演示的原因之一是为了给基于边缘计算和人工智能的"支援高度驾驶的边缘计算技术"提供基础设施的相关研究。

第 **3** 章

人工智能原理

3.1　机器学习的方法

综上所述，在最近新闻中频繁出现的"人工智能"技术，实际上是指以人类学习相类似的方法来提高计算机识别与分类能力的技术，这一点我想大家都应该理解到了。这些技术之所以得以实现，得益于机器学习技术的进步。

人工智能第三次热潮的基本技术就是"机器学习"，给机器学习带来进步的是"神经网络"和"深度学习"。

机器学习、神经网络、深度学习这三个技术术语如图3-1所示。在计算机学习的"机器学习"（Machine Learning）领域有着巨大的技术进步，这种技术进步体现在和人脑相类似的学习模型"神经网络"方面，也为"深度学习"带来了飞跃性的成果。为此，神经网络和深度学习技术获得了业界的普遍赞誉，各行各业也都在加速导入并加以实际应用。

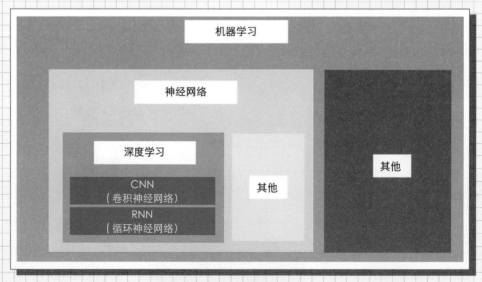

图3-1　机器学习有多种方法，特别在神经网络领域，业界公认深度学习取得了进步和突破

下面，让我们来进一步解释基于神经网络的机器学习方法。

监督学习和无监督学习

目前，机器学习发展得最好的是"自动识别和分类"领域。例如，前面说到的识别图像判别数字和从图像中识别猫与狗等，这些都是让计算机做"分类"处理。用专业术语来说，称为"分类问题"（分类为0 ~ 9的数字，分类为狗或猫）。

顺便提一下，分类问题中的"问题"不是"Problem"的意思，而是和"Question"相近的意思，可以理解为，为了分类而设置的问题，或为了分类而进行的"学习"。具体如何让计算机进行学习呢？现以狗和猫的图像分类为例进行说明。

首先，准备大量的图像并将它们输入计算机中，计算机分析输入的图像并提取它具有的特征。这时，给每张狗的图像数据打上一个标有正确答案"狗"的标签，专业术语称这种数据为标签数据（附有正确答案的数据）。计算机分析"狗"的图像并学习。那么，计算机在已经知道正确答案的时候还要学习什么呢？

通过分析狗的图像，计算机理解了正确答案"狗"的"特征向量"。当然，仅仅通过看几张图像是不能对"狗"进行分类的。通过分析成千张，甚至数以万计之多的图像数据，计算机将会积累大量的狗的特征向量，最终将能够对狗进行分类。（图3-2、图3-3）

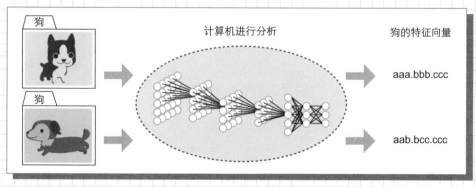

图3-2　通过让计算机读取具有"狗"标签（正确答案）的图像数据，计算机就会学习"狗"的特征向量

　　然而，即使已经读取过大量的狗的图像，但如果其中没有一张是虎头狗的图像，可能计算机也不会将虎头狗的图像归类为狗。如果恰好虎头狗的特征向量和其他狗种的一样，那么计算机也能将虎头狗归类为狗。其实从结果来说还是会带有一定程度的模糊性。

　　像这样让计算机大量读入标签数据进行的学习，称为"监督学习"。说起监督学习，感觉上就好像人在计算机旁边让它学习一样，可以这样理解，根据所准备的数据中有无正确答案，计算机学习可以分为"监督学习"和"无监督学习"。

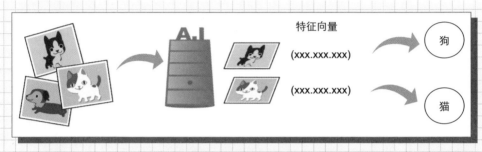

图3-3　学习了狗和猫的特征向量的计算机可以识别并区分图像。当你插入一张有狗或猫的图像时它会把图像分类为两者之一。这个时候计算机会计算出作为图像特征的向量值，然后把这个向量值作为区分图像的标准，这个向量值称为"特征向量"

　　同样用监督学习的方法让计算机学习"猫"，这样就可以建立分类猫或狗的模型和算法。通过把建立的模型和算法安装到计算机上，输入动物的图像时计算机就可以识别出是狗还是猫，或是其他的动物。（图3-4）

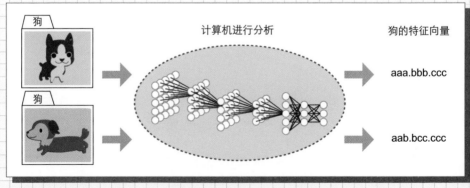

图3-4　计算机通过分析许多附有正确答案的"标签数据"，学习狗的特征从而可以进行分类

接下来说明一下"无监督学习"。

无监督学习

"无监督学习"是一种使用没有附带正确答案标签的数据进行学习的方法（图3-5）。监督学习需要时间进行标签的"粘贴"，但无监督学习是没有那种必要的。

然而，想到监督学习的机制时，如果没有正确的答案，计算机如何进行学习呢，我想很多人会有这种疑惑。

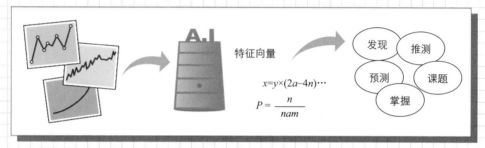

图3-5　无监督学习是从统计学上提取共性、联系和相关性等，用于开发导出相关性函数系统的一种学习方法

3.2　分类问题和回归问题

刚才说到在机器学习中，我们把像分类狗和猫的例子那样将信息分类，或者辨别后进行区分的问题称为"分类问题"。"分类"不仅是分类狗和猫，如果是人物照片的话则要区分是男性还是女性，说得更细些，就是要判别照片是谁，或者区分垃圾邮件，或者将句子拆分为单词的语素等，基于分类技术的应用领域多种多样。因此，许多公司注意到，随着机器学习的发展分类精度得到显著提高时，那些和人工智能没有关系的系统显得很拙劣，分类技术在这类系统将会得到更有效的使用或使用程度将会得到升级。这就是机器学习迅速得以广泛应用的原因。

那么，除了分类问题之外，还有另一类问题，即是"回归问题"。"无

监督学习"对解决回归问题是非常有效的。"无监督学习"并不是指明知是
"狗"却没有标注"狗"的标签的数据，而是基于输出解不能确定的数据进
行的学习。正如未来预测领域，未来预测没有正确答案，用于学习的数据
也没有正确答案的概念。

为了计算预测值，有必要导出一个统计函数。通过分析累积的大量数
据，发现各种特征并计算出人类没有注意到的函数（公式），进而导出"如
果A的值是这个的话，那么B的值就是这个吧"这样适合的答案（预测）。
通过机器学习这样庞大的数据，找出关系并推导出"统计函数"（公式）就
是"回归问题"。回归问题经常用于观测数据、统计数字、连续变化的数值
（股价信息等）等需要数据输入的场合。

3.3　强化学习

监督学习和无监督学习，并不是哪个方法更好，这需要根据其用途和
想学习的内容来选择，还有一种是监督学习和无监督学习相结合的机器学
习方法。

监督学习虽然需要花时间和精力去"粘贴"标签，但在分类问题和效
果明显的监督学习中，让机器学习了基本的特征向量，在得到一定的学习
成果后，就能给出大量的无监督学习的训练数据。这是一种通过迭代学习
来自动计算出特征向量的方法，称为"半监督学习"（Semi-Supervised
Learning）。

◀ AlphaGo 的强化学习 ▶

在世纪围棋对抗赛中知名的谷歌公司（DeepMind公司）的
"AlphaGo"（图3-6），据说也是用类似于这种方法的程序进行学习的。
首先，开发团队向AlphaGo输入了来自互联网的围棋对战网站上的3000
万种招式的棋谱数据并让其学习，告诉它"在这种情况下，这样做是有效
的；或在这种状况的时候，这样下会取胜"，这可以算是一种学习理论的
"监督学习"吧。这样做需要花费大量的时间和人力，即使是3000万种招

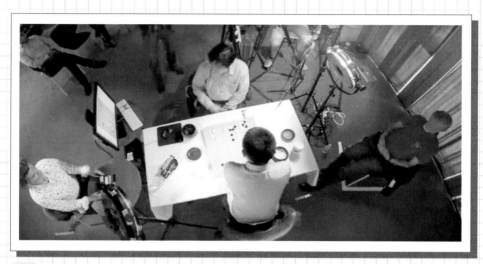

式，作为学习数据也是绝对不够的。

所以接下来，开发团队让计算机和计算机自动进行围棋对局。由于是计算机间的围棋对战，所以它们不会感到疲倦，在不断反复对局过程中，计算机自主地从这种模式中学习胜利的规律。这个过程中并没有教授计算机正确的下棋招式的实例，而是通过计算机消化每一局棋局，根据经验积累新的招式的无监督学习。虽然需要一定的时间，但不需要人花费精力和时间，将它们放置在那它们自己就可以不断地对局（累计经验）。这样的结果是，据说对局数达到3000万局，AlphaGo通过短时间掌握大量的经验和招式从而变得强大。这样，在未知的学习领域，为了获得报酬（比如胜利点数）反复积累经验并寻找被认为是最优的下一个动作的学习方法称为"强化学习"。

【AlphaGo的学习经过】

① 最初学习围棋爱好者和专业围棋选手以往的棋局（围棋对局的网站和围棋游戏网站，约3000万个招式）。

② 以胜局为报酬，通过围棋计算机间对局进行强化学习（约3000万个对局）。

③ 利用学习过的内容与人类职业围棋选手对局。

3.4　经验和报酬

　　从附带有正确答案的学习数据中提取特征向量是相对容易的，但是无监督学习和强化学习中，计算机的学习目标是什么？又根据什么东西来学习呢？

　　如果把强化学习运用到日常学习中，那么它和通过"熟能生巧""体会"来理解的学习方法有点相似，即用训练的方式，从反复试验开始，首先实现最近的目标，然后再追求下一层次的目标，如此反复循环，从而不断提高水平。

　　在人类学习的过程中，有些东西是不能用手册来记载的。比如，学习骑自行车、转动陀螺等必要的技能，即使理解了手册上写的内容，也不一定能很好地完成。倒不如试着做一次，当你掌握了它的诀窍时，你就会骑自行车或能够转动陀螺了。

　　"强化学习"和人的学习一样，通过反复试验从失败和成功中进行学习。但是，这时必须要让机器知道什么是"成功"，这种"成功"称为"报酬"或者"得分"。成功的时候，例如在对局中获胜的时候得到报酬，假如越短的时间获胜得到的报酬越多，那么计算机为了尽量在短的时间里获胜，会自主地学习短时间获胜的方法。（图3-7、图3-8）

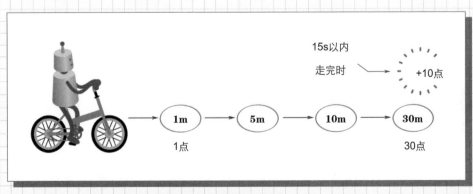

　　图3-7　机器人通过自行车赚取距离来获得积分报酬。另外，走得顺利、节省时间也能得到相应的报酬，机器人则会为获得更多的报酬而学习

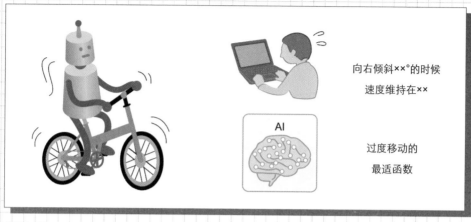

图3-8　机器人使用各种传感器来保持自行车的平衡。为了自动维持平衡，以前需要工程师详细编写程序代码，开发姿势控制的软件来实现。通过导入AI相关技术，姿势控制的算法某种程度上可以实现自动化

　　用自行车的例子来说明的话，如果不跌倒能跑1m，可以得到"报酬"，那么能跑5m的话，就能得到好的报酬（高分），能跑10m的话，就能得到更高的分数。这样，长时间地维持平衡，跑得越远、得到的分数越高的话，计算机就会不断地以追求高分为目的而重复学习，学习自主成功的方法。这个过程就和人类通过经验来体会某种事物的过程很相似。（图3-7、图3-8）

　　在机器人开发领域，实际上这个技术非常重要。机器人通过传感器来判断自己和周围的情况，从而进行下一个动作。假设想要开发机器人骑自行车的系统，以前需要工程师根据传感器的信息来编写精确控制机器人姿势的代码。机器人姿势控制用程序代码来实现是非常困难的工作，但如果通过基于深度学习的机器学习来实现的话，则可以将工程师从烦琐的编程工作中解放出来。

　　也有人说，机器学习的最大优点是减少了工程师的工作量。实际上，技术人员通过编码来进行详细设定还是要花费大量时间的，而通过获取传感器信息的计算机如能自动控制机器人最佳姿势的话，工程师的工作量应该会减少。但是，与减少工作量相比，人们更期待机器学习能在迄今为止通过程序设定做不到的精细控制、随机应变能力、预测意外和快速克服扩展性问题等方面发挥其作用。

　　机器学习中，根据用途和使用方法的不同，最适合的学习方法也不相

同，所以选择能提升性能、效果好的、效率高的学习过程是很重要的，这种学习过程的选择也是技术能力之一。

3.5　神经网络原理

≪ 单一学习理论 ≫

看来人的大脑有各种各样的功能，但实际上有一种学说认为，脑神经细胞识别并处理的是一种共通的模式。人类能熟练地做各种各样的事情，如看东西、倾听谈话、说话、感受事物、抱有情绪、思考答案、推测等，因此，容易让人觉得大脑具有专门处理某些功能的部位存在，这些部位能相应处理复杂的事情。但事实上还有一种理论认为，在大脑的内部所有的信息处理都是通过相同的模式来识别的，这种理论就是"单一学习理论"（One Learning Theory）。

即使切断视神经导致失明后，通过将视神经直接连接到处理听觉的脑神经上，结果视力得到恢复，"单一学习理论"就是基于这一结果的理论。听觉神经代替视神经也能恢复视力，也许脑神经本身机制原本就是相同的，这个结果正好支持了这种假说。

还有一种假设，就是说在计算机模拟人脑使用"神经网络"数学模型的时候，如果能模拟脑神经的识别模式，那么它不就可以和人脑一样，除了图像识别、语音识别、计算、分类、推理、学习和记忆之外，其他的任何方面也都可以做得很好吗？这种思维假设在由神经网络及其算法构成的计算机系统中得到了实践（为了将其与人类大脑科学领域区分开来，有时把这种计算机系统称为"人工"神经网络）。

≪ 感知器 ≫

神经网络本身的机制并不新鲜，人们已经研究了很长时间。1943年有人提出了"形式神经元"，1958年有人提出了将视觉和大脑功能模型化的"感知器"，这些都是当前神经网络概念的基础。

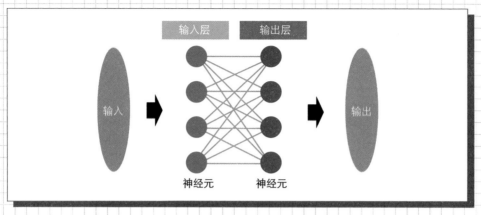

图 3-9　最简单的神经网络模型。它由输入层和输出层组成，每层都有多个神经元

　　最简单的感知器由两层组成，即输入层和输出层，输入层是来自外部的信号入口，处理结果从输出层进行输出。（图3-9）

　　对人来说，一个只包含输入层和输出层两层的模型，据说是一个感性模型。这种情况下，可以将输入层称为感觉层，输出层称为反应层。比如以人的"手指被掐"（输入信号）到人"把手缩回"（输出信号）的动作为例进行说明。"手指被掐"（输入信号）的信号输入后，在输入层（感觉层）中这个信号作为信息被传送到大量的神经元中，每个神经元进行一定的处理并将信息传送（传播）给其他神经元。在输出层（反应层）中出现的几个反应中取其中个数较多的反应作为最好的反应动作，这样结果就输出"把手缩回"。（图3-10）

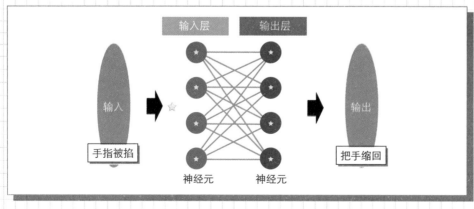

图 3-10　针对输入信号"手指被掐"，而"把手缩回"的动作是其中一个输出

但是，实际推导出的输出不一定是恒定的。针对输入信号"手指被掐"，输出信号也许是"大声呼叫"，也许是"甩开掐的东西"。

针对输入会有什么样的输出，会表现出什么样的行为，答案是多样的，不一定完全一样。什么是最合适的输出取决于各种影响因素，例如经验、信心、身体状况和人的身体状况等。

3.6　深度学习

刚刚说过，仅由输入层和输出层两层组成的"简单感知器"模型对人来说是一个感性模型，如果在输入层和输出层之间放置"中间层"，那么它就从一个感性模型变成了一个思考性模型（图3-11）。

输入层中的神经元处理输入信号并传递到中间层的神经元，中间层的神经元各自处理后传递到输出层。输出层考虑中间层的结果后，选择最优的输出到输出层。在脑神经模型中，有一种观点认为如前所述那样神经元数目越多，它会变得越智能。基于此，可以考虑通过增加中间层中的神经元数量来实现更高级的思维。因此，有人考虑采用增加中间层数来增加神经元数量的方法，这样可以增加神经网络的处理能力。这种将中间层多层化的模型称为"深度神经网络"（DNN）。

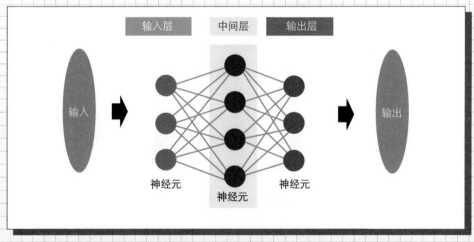

图3-11　通过在输入层和输出层之间加入中间层，那么计算机就变得能思考了

　　而这样，使用深度神经网络进行的机器学习称为"深度学习"（Deep Learning）。如前面所述，通过输入庞大数量的猫的图像并让其学习（深度学习），深度神经网络会提取猫的特征向量、理解猫的特征向量并进行分类。

　　我们经常使用"深思熟虑"的表达方式，也许可以说深层神经网络通过将思考的中间层多层化实现了"深思熟虑"，从而取得了成功。顺便说一句，图3-12中表示的深度学习中间层数是2 ～ 4层，但据说在"AlphaGo"的系统中，中间层数达到了12 ～ 14层。神经网络中间层配置成多少层，不同的系统有不同的层数，其层数要由开发人员找到的学习效率最高的方法来决定。

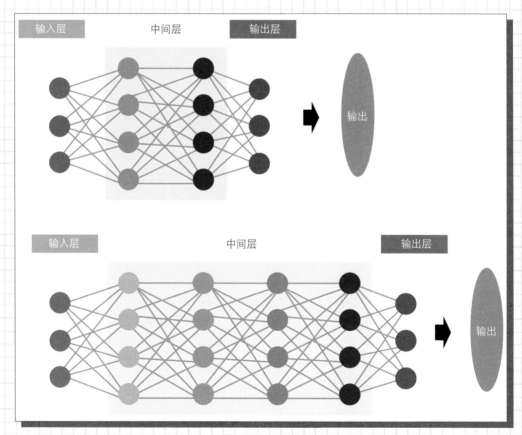

图3-12　中间层数由2层增加到4层的示例。通过多层化增加了神经元数量，能够进行深入思考的深层神经网络

另外，多层化也带来一些课题。首先，随着神经元数量的增加，并行计算的负荷变得巨大。也就是说，计算机的计算处理需要花费相当长的时间。另外，如前所述机器学习需要大量的大数据，本来就需要花费很多时间深度学习，又要处理大量的大数据，那么就需要更多的时间。出于这个原因，机器学习需要高性能计算机（作为缩短处理时间的方法导入实施了GPU和FPGA，关于GPU和FPGA后面会有详细介绍）。

3.7　CNN和RNN

前面已经介绍了基于神经网络的机器学习的概要和机制，现在我们来说说目前主流的CNN和"RNN"。

两者都是神经网络的算法，CNN在处理照片图像的识别和分析等方面表现优异，RNN在时间序列重要的影像、音乐、图形等出现推移数值等的识别和分析方面表现出色。

CNN（卷积神经网络，Convolutional Neural Network）

深度学习和机器学习领域中，有两种类型的神经网络取得了较好的成果。

一种是"卷积神经网络"（Convolutional Neural Network，CNN），"卷积"（Convolutional）这个词是图像压缩/解压缩、无线电通信等领域经常使用的专业术语。

在这里，请记住卷积神经网络在识别特征向量的分析中表现出色，因为它先将素材精细地分解、解析，然后逐渐扩展到更大的范围进行处理。

具体来说，CNN在静止图像的分析方面表现出色。为了方便理解，说明中经常使用脸部图像分析为例子。首先，我们从照片的边缘对其进行小范围的分解并分析。在一个小范围内，起初只有直线和曲线，但随着图像的结合，图像也渐渐扩大，这时就可以把握鼻子和眼睛等部位了，如此范围再扩大就可以把握整个脸部了。在这个过程中可以获得各种各样的特征向量。（图3-13）

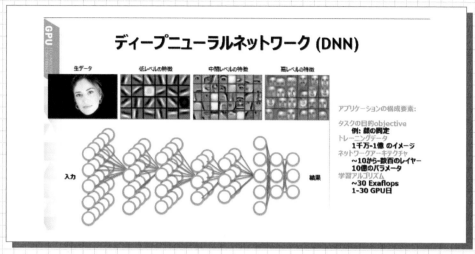

图3-13　图像特征向量解析中经常使用这种幻灯片。CNN从小范围中解析并提取特征向量，同时扩大范围（来自NVIDIA公司的演示资料）

另外，在小范围内解析的时候，关系较强的是图像的周围，分离的部分其关系很弱。例如，照片的左上角和右下角分得很开的范围内的图像，一般来说通常几乎没有关系。从这个角度来讲，最好不使用分离得很开的部分作为分析特征向量，这种方法在图像解析中非常有效。

〈 RNN（递归神经网络，Recurrent Neural Network）〉

RNN用于使用神经网络分析那些时间序列重要的信息的场合。RNN是"Recurrent Neural Network"（递归神经网络）的缩写。

时间序列信息是前后关系重要的信息，例如，如果"B"出现了，则接下来就有"C"将出现这样的概率和预测。此外，CNN在图像分析方面表现出色，RNN用于像动画一样捕获运动的信息处理，CNN用于声纹，RNN适用于对话。

对于文章的解析RNN也更好，可以说文章也按照时间序列来进行解析特征向量比较容易使用。例如，

"わたしは犬を飼っています"

（我在养狗）

对于这句话，使用传统的尖端技术——词素分析方法将这个句子分解

为"**わたし**""**は**""**犬**""**を**""**飼って**"和"**います**"。在"**は**"和"**を**"两个助词之间有"**犬**"，因此可以推测，"**犬**"是宾语，并且在"**は**"的前面有其他词作为主语存在。这个例子，显示了人工智能分析上下文的过程，虽然并不是机器学习所必要的，但它是说明神经网络学习具有判断前后关系能力的一个例子。

‹ 反向传播（Back Propagation）›

分析时间序列重要的信息时，从前到后，即在时间轴上从"古"→"今"进行分析不一定总是好方法。

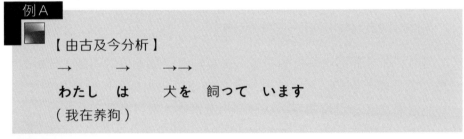

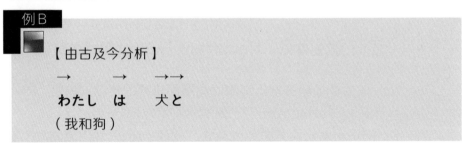

可以预测例B中的助词"**と**"后面接续的词和例A中的"**を**"后面的不同，如果和例A中的"**を**"后面接续的词相同的话，则成了"**わたしは犬と飼っています**"（意思为：我和狗在饲养），这就不通了。

在这里，"**と**"后面接续的语句可以预测它是"**散歩しています**"（在散步）、"**歩いています**"（在走路）、"**暮らしています**"（在生活）等，但是要学习这些规则有必要追溯到句子的前面，才能学到原来"**と**"后面应该接续的内容。换句话说，这是一种从后向前回溯的学习方法。

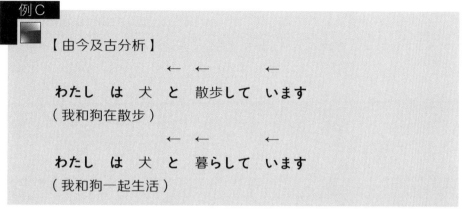

像这样从输出端向输入端反向传递（传播）信息的方法称为"误差反向传播法"（Back Propagation）。

反向传播在技术上同时运用于RNN和CNN。从输入端到输出端传递的方法也称为"前向传播"（Forward Propagation）。

第 **4** 章
认知系统与 AI 聊天机器人

4.1　IBM Watson是什么？

❮ 计算机能超越人类吗？ ❯

计算机界的开发者们从很早以前就开始挑战这个主题，其中一个舞台就是"国际象棋"。为了打败当时的国际象棋世界冠军加里·卡斯帕罗夫（Garrie Kasparov），计算机行业巨人IBM公司开发了超级计算机"深蓝"（Deep Blue）。在国际象棋中，预测下一步棋之后将会怎么展开是非常重要的，但据说深蓝可以在1s之内预测2亿步。

即便如此，在1996年2月举行的第1战中卡斯帕罗夫以3胜1负2平的成绩获胜。作为对上次对局的"复仇"，1997年5月，深蓝以2胜1负3平的成绩获得胜利。这是国际象棋领域计算机首次超越了人类的历史性事件。

❮ 在智力测试中能超越人类吗？ ❯

继深蓝之后，IBM开始开发挑战人类的"IBM Watson"（以下将Watson称为沃森）。开发的目标是在美国智力测试节目"Jeopardy！"中赢得人类的智力测试王（图4-1）。

"计算机知识很丰富，赢得智力测试是理所当然的"，或许很多人会这样想，但实际上这并不是简单的事情。相反，当时的技术人员都认为"那是不可能的"。

为什么这么说呢，因为要在智力测试中取胜，沃森必须要能理解人类的自然语言。

沃森和其他参赛者一起出场，也就是说沃森安要向人类发问的自然语言的测试题。顺便说一句，自然语言是用于谈话和意图沟通时使用的语言，可以理解为就是普通的口语。

图4-1 挑战美国人气智力测试节目"Jeopardy！"的IBM沃森（YouTube：
IBMJapanChannel https://www.youtube.com/watch?v=KVM6KKRa12g）

沃森在智力测试节目中必须要做的是，正确理解出题人口头语言中的
问题，并即时搜索出答案并进行回答，这对计算机来讲实在是一个很大的
难题。由于当时语音识别技术的瓶颈，对沃森是采用文本文字进行发问，
沃森只要识别文本就可以了。

而在2011年2月16日（美国时间），沃森终于获得了比其他智力测试
王更多的积分，并赢得了智力测试。

这个时候的沃森就是一个"比任何人都更聪明的问答超级计算机"，与
现在作为产品提供的形态略有不同。

顺便说一句，沃森这个名字来源于IBM的创始人托马斯·J·沃森先生
（1956年去世），他是以"THINK"为座右铭和口号而闻名的，是计算机
行业中最著名的人物之一。

4.2 活跃于医疗领域的沃森

实现了战胜人类智力测试王目标的沃森的下一个使命就是在社会上得
到广泛应用。在战胜智力测试王大约半年后的2011年9月，IBM公司与美

国一家大型医疗保险公司WellPoint公司合作，并宣布将在医疗领域中应用沃森。

IBM公司的新闻稿中是这样写的：

"WellPoint公司为向数百万之多的美国国民提供基于最新信息技术的医疗，将开发基于沃森技术的解决方案并投入市场，并为医疗事业进步作出贡献。IBM公司将为沃森医疗保健提供技术，该技术成为WellPoint公司解决方案的基础。"

沃森所需要的能力是收集大量的为方便人阅读而编写的文献和资料，并能阅读和理解所有这些文献和资料。这种能力称为"自然语言分析"能力。每年发表或发行的医疗文献和论文等有数十万件之多，数量非常巨大，即使对人来说也不可能全部读完。沃森需要阅读并理解所有这些内容，因而沃森需要具备每秒钟阅读8亿页资料的能力。

如果只是收集和学习这些文献是没有什么意义的，沃森需要对这些内容了如指掌、运用自如，也就是说，在短时间内要能够根据所问问题或查询要求找到适合的答案，并将答案返回给客户。

在当初新闻发布的时候，对沃森是这样描述的："在3s的时间里可以分选约100万本书（约2亿页）的数据，分析信息并得出准确的分析结果。"（图4-2）

图4-2　每年持续增长的大量论文和文献，人是不可能全部读完的，但沃森可以全部读完并积累知识

使用这项技术，沃森计算机系统的研发目标是能够即时为医生、研究人员、护士、制药相关人员等从事医疗事业的人员所提出的问题提供最新、最恰当的答案。

据说医学文献和论文的数量在五年内会翻一番，同时每天医院里病人的相关数据也会大量产生，这些就是大数据。人类真的无法很好地处理这些，但像沃森这样的超级计算机则可能据此数据推导出最佳答案和相关的预测。

❮ 可助力癌症和白血病治疗的沃森 ❯

在药物开发行业，据说开发一种新药花费10年的时间和1000亿日元的预算是平常的事情。有时需要将超过一百万种的不同化合物和蛋白质组合起来进行实验，以便找出药效更好的配方，这是一项听了都让人害怕的工作。在这个领域，沃森已经在以美国为中心的地区得到应用，正在为缩短有效新药的研制时间作出贡献（图4-3）。

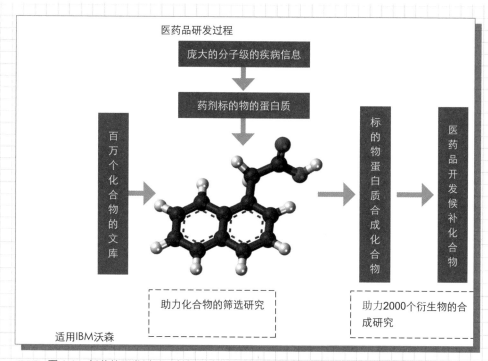

图4-3 新药的研发过程，包括化合物文库和蛋白质的组合及筛选，2000个衍生物的合成等，需要花费大量的时间，但通过引入沃森可以期待这个时间将大大缩短（图由本书编辑部根据日本Daiichi Sankyo公司在IBM沃森日文版发布会上的介绍资料制作）

例如，2014年沃森给新的癌症治疗药物的开发带来进展。在IBM公司和贝勒药学院（Baylor College of Medicine）的合作研究中，导入了沃森进行对癌症抑制基因起作用的蛋白质的检索工作。其结果是，在分析了约7万篇科学论文的基础上，沃森发现了6种被认为有望用于被称为"p53"的癌症抑制基因的蛋白质。在此之前业界普遍认为，要是每年能发现一种这样的蛋白质就已经很了不起了。

2016年8月，东京大学医学研究所发布了一个关于沃森在医疗方面应用的令人赞叹的消息，这个消息是这样说的：

"一名被诊断患有急性骨髓性白血病的60多岁的女性患者，在接受了两种类型的抗癌药物治疗半年后仍未见改善。然而，让沃森查阅了2000多万篇癌症相关论文，并让它根据该患者的症状来进行诊断，沃森仅花了约10min的时间就推测出了疾病的名称和治疗方法。医生也同意沃森的判断，按照沃森给出的治疗方法进行了治疗，患者得到了恢复并顺利出院。"

当然，现在就确定沃森会代替医生来诊断所有疾病和给出治疗方案还为时过早。但是沃森在助力新药的开发和医疗方面，已经开始有了实际成果。特别是对主治医生的诊断提出建议和帮助，或将沃森的诊断作为第二意见（第三方的诊断意见）进行灵活使用等方面，也许可以说达到能实际应用的程度。

4.3　何为认知系统？

IBM公司不称沃森是"人工智能"或"AI"，而是称其为"认知"，如使用认知计算机、认知系统、认知技术这样的名称（图4-4）。

这里的认知（Cognitive）从字面意义上来说仅仅是"认知"的意思，但其实它指代更宽泛，它指所有包括知觉、记忆、推理、解决问题等在内的智力活动（可以和一般使用的特殊型AI作相同的解释）。

人工智能（AI）这个词的含义本来就模棱两可，加上IBM公司对这些又有更多的考量，我想可能是为了和人工智能相区别才使用了"认知"这个词来表达。

认知这个词一方面只有IBM公司使用它，另外，因为"Cognitive"这个词对人们来说并不熟悉，所以最初有人非常担心这样一个概念将难以普及，但最近微软公司也在同样的系统中使用了"认知服务"这个词，这样看来它似乎在将来会渗透到更广泛的领域（图4-5）。

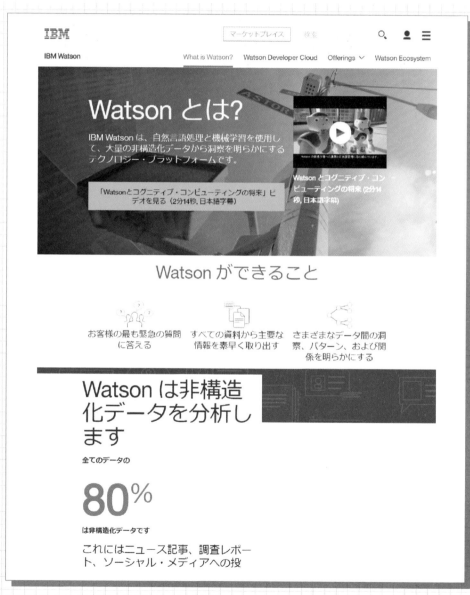

图4-4 IBM日本公司的IBM沃森网站
https://www.ibm.com/smarterplanet/jp/ja/ibmwatson/what-is-watson.html

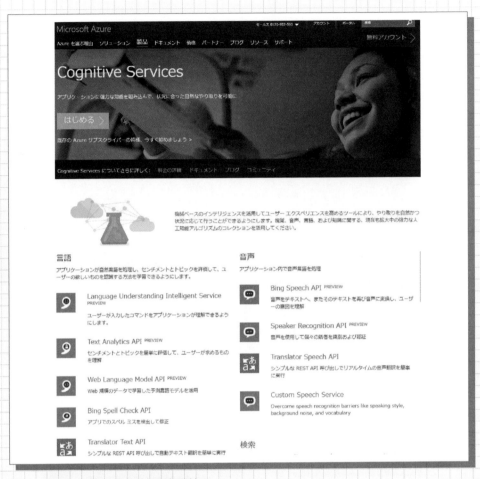

图4-5　微软公司的认知服务网站
https://azure.microsoft.com/ja-jp/services/cognitive-services/

❮ 第三代计算机 ❯

IBM公司将认知系统定位为第三代计算机（认知系统时代，Cognitive Systems Era）。

第一代是电子计算机时代。第二代是迄今为止使用的由操作系统（OS）和应用软件构成的计算机时代。第三代的认知系统是从另一个维度出发的，它是一种针对人提出的问题或课题，系统通过自主学习能给出回答的技术（图4-6）。

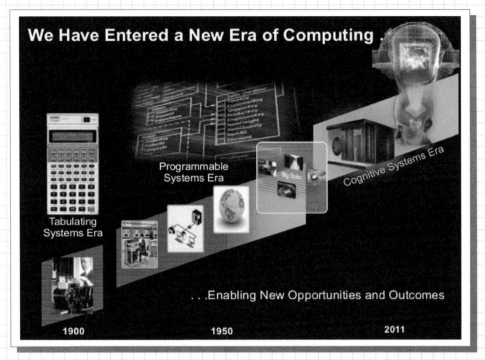

图4-6　以沃森为代表的认知时代被认为是新维度的第三代（出自http://www.slideshare.net/findwise/ibm-big-dataanalytics）

结构化数据和非结构化数据

　　支持第三代计算机技术的是包括自然语言在内的"非结构化"数据的分析。这样的说法听上去让人感觉很难，其实是很简单的事情，敬请继续往下阅读。

　　在计算机时代，信息可以大致分为结构化数据和非结构化数据。结构化数据是按照计算机可以理解和读取的结构来设计的数据，是为了专门供计算机使用而创建的数据。这种数据计算机是能读懂的，一些工程师也可以读懂，但一般的人是无法理解的。直到现在，当我们让计算机处理数据时，我们必须输入并制作计算机专用的结构化数据。

　　相反，这也意味着计算机无法理解人类可读的数据。例如，计算机无法理解在Microsoft Word中创建的文档数据和用于演示文稿的PowerPoint或Keynote的数据，因为它们是"非结构化"数据。

　　换句话说，人和计算机之间可以理解的数据有所不同，在这方面是有隔阂的。

　　可以这样说，电子表格数据成为两者之间的桥梁。Microsoft Excel的数据具有结构形式，并且很容易被计算机理解，也能很方便地和Microsoft Access等数据库用的数据进行转换。

　　同时，随着互联网、个人计算机和智能手机等的普及，世界上存在的数据中非结构化数据的比例正在增加。一般的文档、报告书和论文等文档文件、演示文稿、电子邮件、数码相机的照片图像文件、视频动画文件、录制的音频文件，还有主页上的博客、日夜不断增加的SNS发布数据，这些都是人可以听懂或看懂的，但是计算机无法理解的"非结构化"数据（图4-7）。

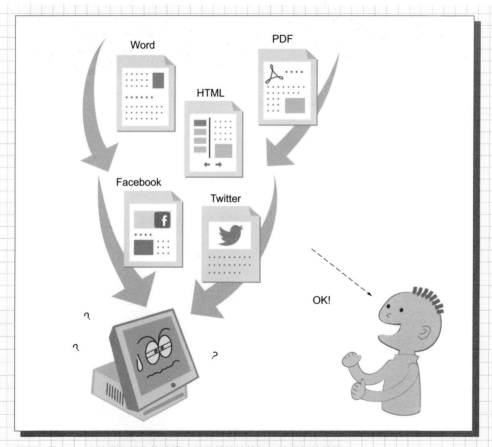

图4-7　文档数据是人能读懂，但目前的计算机无法理解的数据

　　在介绍沃森在医疗行业运用的一节中我们讲过，阅读和理解数量不断增加的研究论文的认知系统所必须具备的能力就是要支持对"非结构化"数据的读取和理解能力（图4-8）。

　　IBM日本公司发表声明说，"据调查，全球累积的大数据到2020年要达到约44ZB。TB再大一级是PB，PB之上是ZB。44ZB是440亿TB，用容量为1TB的硬盘存储总共需要440亿块硬盘。而且，大部分大数据是从文章、声音、图像、传感器设备等积累来的数据，据说超过80%的数据不是结构化的。至今人们一直说计算机无法理解非结构化数据，因此，即使累积的大数据再多，如果未读取或不能读取的话，则不能被计算机所利用。沃森正好具有理解这种数据的功能。"（IBM沃森市场经理中野雅由先生，图4-9）。

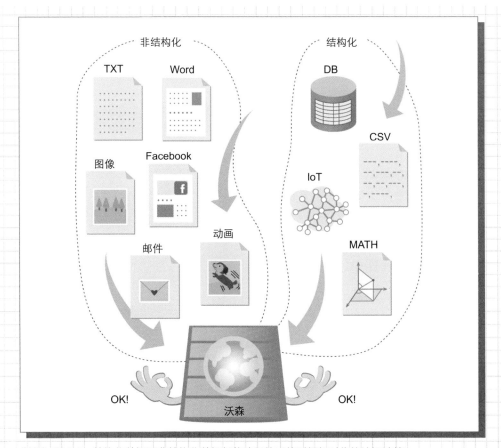

图4-8　结构化数据和非结构化数据都能读取的系统引领新时代的认知计算

图4-9　IBM日本公司IBM沃森市场经理中野雅由先生

4.4　沃森的实体是什么？

挑战智力测试王的时候，沃森是一个大规模的问答系统，它拥有像百科全书那样庞大的数据库，和瞬时回答技术。

但是，商业用的沃森略有不同，它没有百科全书或专门知识等的数据库。因为它的数据本身是医疗文献，或者是医院患者数据，或者是新药开发必需的化合物和蛋白质的信息，根据其用途，沃森学习的数据也不同（图4-10）。

此外，还有一种观点认为，这些庞大的数据不是IBM公司的，而是使用它的企业或者组织所有的。

因为医院的患者数据和开发新药所需的数据往往被视为机密的数据，或者医院和药物开发公司不想将这些数据发到公司以外的地方去。企业积累的市场信息也不想让竞争对手获得并加以利用。从这些角度来看，沃森并不是一个像百科全书那样的无所不知的智者，而是从一个没有知识或经验的"婴儿"的状态开始使用的。所以首先要做的就是让沃森学习。

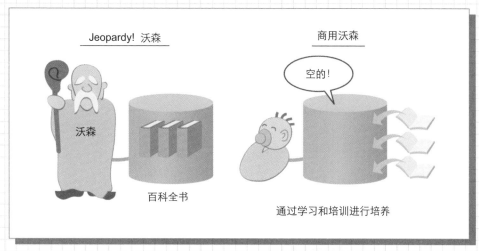

图4-10　和智力测试王对峙的沃森是装满一般知识的问答系统，商用沃森的数据库是空的，需要根据用途通过输入数据进行学习获得成长

此外，商用沃森并不具有所有功能，它是按照用户所需的功能进行配置的，也就是说，客户只能使用他们所需要的那些功能。每个功能也是一个一个地发布，并经过实地验证试验充分测试之后实施的（图4-11）。

IBM沃森 5年的进化历程

2011年2月	智力测试节目（和Jeopardy！对决）
8月	开始商业运用［最初的医疗应用系统（9月WellPoint公司）］
2012年3月	为了治疗癌症提供信息支持
2013年5月	客户应对(发布IBM Watson Engagement Advisor)
11月	面向开发人员(发布IBM Watson Developers Cloud)
2014年1月	药品创制(发布IBM Watson Discovery Advisor)
6月	烹饪食谱［发布Chef Watson（与Bon Appetit公司合作）］
2015年2月	日文版开发(与软银公司联合宣布)
2016年第一季度	日文版发布(与软银公司联合发布日文版)

图4-11　IBM沃森5年的进化历程

　　在医疗领域的试验中，让沃森学习了大量的信息，如文献、论文、医疗信息、病历等，当提到患者的症状时，沃森推断症状的原因，或者按照概率由高到低的顺序列出该症状可能的疾病名。

　　沃森的特点之一是可以显示回答问题的"信心指数"（准确性）。另外，当答案不止一个的时候能够按信心指数的顺序给出多个答案。

　　问：红而滑，味甜的蔬菜是？

　　【沃森的回答示例】
　　1.番茄（信心指数80%）
　　2.糖萝卜（信心指数60%）
　　3.红辣椒（信心指数50%）
　　4.红柿子椒（信心指数48%）
　　5.胡萝卜（信心指数15%）
　　注：沃森可以按排名顺序回答多个答案。
　　这是为了促进理解而采用了身边常见的例子，而不是实际上沃森的回答内容。

　　而且，通过追加对"你是否被诊断过患有糖尿病？""亲属的病史怎么样？"等这些沃森提出的问题的回答，可以让沃森自己寻找其他疾病的可能性，从而可以让沃森学会从这些信息中推导出更准确的诊断结果。

　　"在我们这几个合作项目进行过程中，我们看到了各公司使用沃森的设想模式。这样，首先在美国我们发布了'IBM Watson Engagement Advisor'系统，它是在应对客户，或者与人进行互动沟通时，针对提出的问题提供自动回答机制的'Q&A问答系统'的解决方案"，IBM公司的中野先生这样说。

　　沃森的一个典型例子就是存在于云端的问答系统。技术人员要从他们自己的系统中使用该系统必需使用软件"应用程序编程接口"（API，Application Programming Interface）。

　　为了向用户提供API，公司为开发人员准备了一个名为"IBM Watson Developers Cloud"的平台，开发人员可以选择并使用所需的功能。

　　IBM公司称，截至2016年2月已经发布了超过30个沃森的API，同时还提供技术信息、示例代码和演示等。

在IBM公司名为"IBM Bluemix"的开发环境［它是一个"平台即服务"（PaaS）的环境］中，开发人员通过组合API，就可以轻松创建认知应用程序。据称"全球已有超过8万名开发人员在使用Bluemix"（图4-12）。

图4-12　Bluemix中开发人员利用包括沃森 API的各种各样的服务，也准备了可以体验功能的演示。https://www.ibm.com/cloud-computing/jp/ja/bluemix/developerslounge/?S_PKG=&cm_mmc=Search_Google-_-IBM+Cloud_Bluemix+Program-_-JP_JP-_-Bluemix_Broad_&cm_mmca1=000001NC&cm_mmca2=10001464&mkwid=0fc9f0bc-059b-4dcb-b035-1defc29ec194|624|263

沃森全系统，大体分为"专用解决方案""产品""应用"和"平台"，这里对主要的部分做个说明。

专用解决方案（Offering）

为了某特定领域使用而定义设计的框架，它将用于烹饪、资产管理等的专业应用程序打包并提供给客户。

● Watson Engagement Advisor

上面提到的问答系统，在应对客户领域得到了实际应用。

● Watson Discovery Advisor

作为发现新见解的系统，在药物开发和保健领域中得到实际应用。

〈 产品（Product）〉

这里说的产品和传统的软件产品很相近。

● Watson Explorer

有报道称2015年上半年日本也有几家银行导入了沃森，当时使用的是Watson Explorer（沃森浏览器）。

● Watson Analytics

云端的分析工具，即"BI工具"❶。它的特征之一是可以使用自然语言进行查询，后台与数据库连接。例如，如果和销售额数据库连接，则当询问"上个月的销售额是多少？"时，Watson Analytics 会汇总上个月的销售额并进行回答。如果问"各都道府县的销售额是多少？""另外和前年相比的情况也告诉我"，那么沃森会统计各都道府县的销售额，并与前年的销售额进行比较，之后给出回答。可以使用自然语言和沃森进行沟通，但它后台运行的是关系数据库。

〈 应用程序（Application）〉

顾名思义，应用程序就是作为应用软件或WebService发布的程序，比较知名的是设计烹饪食谱的"厨师沃森"（Chef Watson）、支持过癌症治疗的"肿瘤学沃森"（Watson for Oncology）和支持个人资产管理的"沃森财富管家"（Watson Wealth Management）。

---

❶ BI工具，Business Intelligence Tools，是分析、处理和提取累积的庞大业务数据的决策支持工具。

《 Platform（平台）》

"平台"（Platform）有面向开发人员的Watson Developer Cloud，还有前面提到的提供IBM通用开发工具群的"IBM Bluemix"里面的专门提供沃森相关工具的Watson Zone on Bluemix等。

4.5 IBM沃森日文版的六大功能

2016年2月18日，IBM日本公司和沃森的日文版的战略联盟合作伙伴——软银公司联合宣布，日文版IBM沃森提供六种服务。

从此开始，在这六大功能上沃森可以学习和理解日语了。

IBM沃森日文版的媒体发布会上说明了日本市场的"认知系统"的三大特点。它们是"理解自然语言""从语境等中推测""从经验等中学习"。换句话说，就是要与人顺畅地进行对话，从对话的前后逻辑中理解对方的意图，作出最佳回答，并通过不断学习，不断地积累经验从而不断地提高对话的准确度。（图4-13）

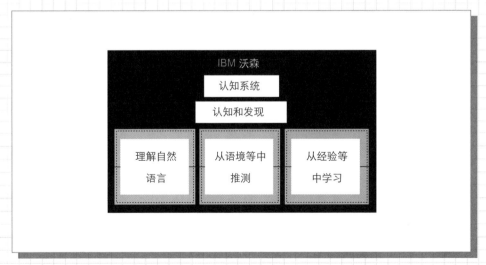

图4-13　日文版"认知系统"的三大特点是理解自然语言、从语境等中推测、从经验等中学习。深度学习中使用了自主学习的技术

‹ 支持日文的六大服务 ›

支持日文的六大沃森服务分别是，可以与人进行自然对话的"对话（语音）"（两种）和理解问题并查找最适回答的"自然语言处理"（四种）。

事实上，沃森已经有30多种服务（API）以英文版发布。支持日文的这六种服务有如下功能（图4-14）。

【IBM沃森日文版的6项功能与技术】

[自然语言处理]
理解日语的基础上查找最优解的技术。

1.自然语言分类（Natural Language Classifier）
从人的对话（自然语言）中理解意图或意思的技术。

2.对话（Dialog）
能进行符合个人风格的对话的技术。

3.文档转换（Document Conversion）
将人可读懂的格式的文件（如PDF、Word、HTML格式等）转换为沃森可以理解的格式的技术。

4.搜索和排名（Retrieve and Rank）
利用为从庞大的数据中推导出最优解的机器学习的检索技术和对多个答案进行排名的技术。

[对话（语音）]
为了用日语进行对话的听和说的技术。

5.语音识别（Speech to Text）
将人说话的声音转变成文字的技术。

6.语音合成（Text to Speech）
人工合成声音并发声的技术。

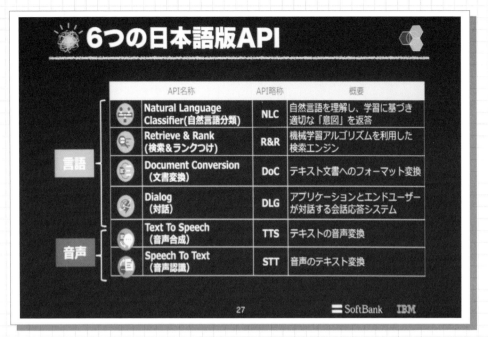

图4-14 日文版沃森的六大功能（API）。使用文本的Q&A的情况下使用"自然语言处理"的API；在用语音进行对话的情况下，则使用"对话（语音）"的API

4.6 沃森的导入实例（1）——呼叫中心

有一天在客户中心发生一件事。

客户的咨询电话进来，接线生开始接电话。客户问道："为什么我的iPhone没法正常启动……"

接线生向另一客户问道："啊，是什么来着？ Android？ 对，对，是Android打不开，对吧？"，此外，又有另一位客户问："我不知道手机最初的密码了……"。

其实，这些客户都是同样的问题，都是因为智能手机的操作障碍，都是遇到主屏幕无法显示的操作困难时的询问。即使问题相同，客户的问法也可能是千差万别的。如果是人的话，可以理解问题的内容，并进行处理，但是以前的计算机只有对相同的问法才能进行应对。

"您使用的机型是什么？""电源打开了吗？"，首先为了了解故障的情况，接线生问了客户几个问题。当客户的回答返回时，接线生的电脑屏幕上，解决问题的方法或者对应方法的最优回答的内容会依次显示出来。接线生会确认检查这些内容后，并将接下来要问的问题或解决问题的操作方法对着电话话筒回答给客户。

向接线生电脑屏幕上依次显示回答方案的就是沃森。沃森听取客户和接线生通过电话交谈的内容，并立即处理该电话内容，并在屏幕上显示最佳回答和可能的对策。找到的答案有多个的时候会根据每个答案的信心指数排列并加以显示。

上面这些听起来就像是电影中的一个场景似的，但它已是得到实际应用的AI技术的一部分。

〈 瑞穗银行的呼叫中心导入了沃森 〉

瑞穗银行的呼叫中心从2015年2月开始导入沃森，现在有超过200多个席位实际使用了沃森。

因为是银行业务，客户咨询的内容无外乎是"如何开户""利息是多少""附近网点"等内容。沃森听取客户与接线生之间的对话，并在接线生的电脑屏幕上实时地显示所有合适的答案。即使接线生是新手，已经学习了专家的丰富知识和经验的沃森也可以辅助接线生快速准确地进行回答。关于这样景象的视频已上传到YouTube（IBMJapanChannel），面向公众播放。

视频中，瑞穗银行个人营销推进部的崛智裕先生流露出这样的心声："在沃森导入呼叫中心的初期，正确回答率怎么也上不去，非常令人担心。"然而，"因为接线生坚持不懈地教授它正确答案，正确回答率得到大大提高，让我确确实实感受到系统是在学习的"，崛智裕先生接着这样补充说。

认知系统和人工智能都与人类一样，并不是从一开始就什么事情都能做，而是通过积累经验和学习来逐步达到的。

崛智裕先生在评价呼叫中心导入IBM沃森的效果时，给出了这样两点："缩短了与客户的通话时间"和"缩短了接线生的培养周期"（图4-15）。

导入沃森对呼叫中心进行实时支持

以前针对咨询的内容，接线生查询手册，找到相应的回答后进行回答

沃森听取客户和接线生对话内容，并将最佳回答依次提示在电脑屏幕上

图 4-15　银行业务中灵活使用沃森（"基于 IBM 沃森瑞穗银行呼叫中心业务的革新"，IBMJapanChannel - YouTube，https://www.youtube.com/watch?v=gEejZEhHLpA）

4.7　人工智能和机器人——银行接待

　　瑞穗银行宣布在金融科技事业和客户接待中积极推进导入机器人和人工智能。

　　瑞穗银行于2015年7月在东京中央分店配备了软银机器人技术公司的沟通机器人"Pepper"，到2016年底，已有超过10家分店导入了Pepper。Pepper的主要作用是吸引客户、缩短客户等待的感受时间和进行服务产品说明。2016年，该公司发表评论称，"在吸引客户方面，获得了比去年增加7%的成绩；在客户等待的时间里，客户参与智力测试和抽签游戏等的气氛高涨；在推荐保险产品方面，取得了10件以上成交的成绩。"

　　瑞穗银行2016年5月设立了有金融科技角的八重洲口分店。设立的同时在这里配备了2台功能不同的Pepper。1台主要是着眼于上述3个目的而配备的普通Pepper，这台Pepper主要用来安抚客户，并介绍业务，而无法回答客户提出的问题（图4-16）。

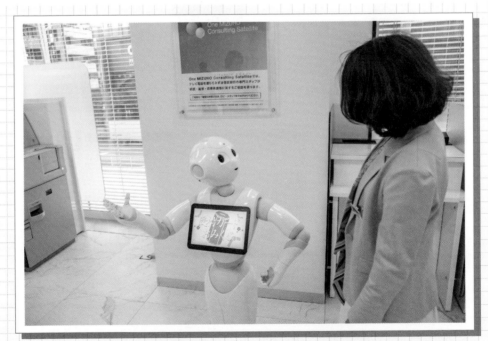

图4-16　八重洲分店里配备的普通Pepper，它的主要工作是在等候区让客户玩智力测试或者抽签游戏，安抚客户。说话是主要的，但也进行保险产品的营销

另一台Pepper是与设置在金融科技角的沃森联动的，运用沃森的会话技术承担对乐透6等"彩票"的引导作用。Pepper能够和客户进行比如"现在的资金结转是多少？"等最新信息的对话，而且可以回答诸如"如何购买乐透"和"乐透中奖的秘诀是？"等问题。随着经验的增加这些处理的精度也不断地增加，据说回答准确率已经超过了90%（图4-17）。

图4-17 瑞穗银行八重洲口分店金融科技角配备的和沃森联动的Pepper，能高准确度地应对客户提出的问题。Pepper穿的和服上衣是株式会社Robo Uni福冈研制的制服（http://robo-uni.com/）。

像游戏和产品说明等主要以Pepper咨询为中心的业务配置单个机器人进行处理，针对金融科技角等顾客提问必须正确应答的业务，配置和沃森联动的Pepper来处理等，这样根据不同的业务目的配置不同功能的机器人受到了业界的一致好评。

〈 未来的客户接待 〉

在瑞穗银行，面向将来的实现通过融合沃森和Pepper，呼叫中心之外也开始采取措施来创造新的"接待"方式，这样的视频也对外公开发布了（图4-18）。

　　担当这些系统开发的瑞穗金融集团公司的井原理博先生表示，以推进机器人和人工智能为目的，启动了汇集瑞穗银行各部门人才的"下一代小额交易项目小组（PT）"，为了推进具体的服务化工作，设置了名为"孵化室"的部门来专门推进这件事。

迎接客户的Pepper

通过人脸识别系统来识别客户

把客户引导到专门的接待室，和客户的交谈过程中需要传达给工作人员的内容迅速、实时地传送给相关工作人员

在咨询的时候，机器人的意见作为第二意见供参考，并根据明年小孩将出生这一家庭情况进行建议。Pepper 就免税赠与发表看法。要实现这些功能，与沃森这样的认知系统和人工智能进行联动是很重要的

图4-18　沃森和Pepper的融合（【IBM沃森的实例】IBM沃森实现的瑞穗银行的新"接待方式"，IBMJapanChannel-YouTube https://youtu.be/X3Vdy-UMXwQ）

配备了Pepper的网点的顾客吸引率比前一年平均上升了约7%，尽管配备机器人并不是吸引客户的唯一原因，但人们还是切切实实地感受到了配备机器人的效果。

"将沃森等人工智能和机器人进行联动，我想将来开展资产管理相关咨询业务的可能性也是非常大的"，井原理博先生表示（图4-19）。

图4-19　瑞穗金融集团公司孵化项目组的井原理博先生（照片来自Robot Start株式会社 https://robotstart.co.jp/）

4.8　沃森的导入实例（2）——销售支持

在IBM沃森日文版的市场开拓中，与IBM日本公司建立了战略联盟关系的软银公司，面向自己公司的法人营业（译者注：法人营业是指以企业法人为销售对象的销售活动）部门，开发并导入了与沃森联动的对话式销售支持系统"软银大脑"（SoftBank Brain）。

主要使用场景是，法人营业的销售人员操作智能手机与软银大脑（SoftBank Brain）进行对话（图4-20）。

由于部门是法人营业部门，比如，某销售担当人员计划要去和零售巨头企业Ａ公司谈生意，"给Ａ公司提个什么方案好呢"，心里犯难，我想这样的情况还是存在的。

在这种情况下，首先启动智能手机的应用程序，并说"我想向Ａ公司（演示中用的是实际公司名称）提一个方案……"，就好像和熟人交谈那样的很自然的用语。之后应用程序的反馈如图4-21、图4-22所示。

图4-20　软银公司面向自己公司的法人营业部门开始导入的"软银大脑"（SoftBank Brain），使用智能手机进行操作。截至2017年3月最新版本中增加了"软银员工搜索"的菜单（功能）

图4-21　应用程序（沃森）很快理解内容，并回答道："是超市便利店业界的A公司吧。""请告诉我你想要的是详细'企业分析'和'方案建议'中的哪一个。"

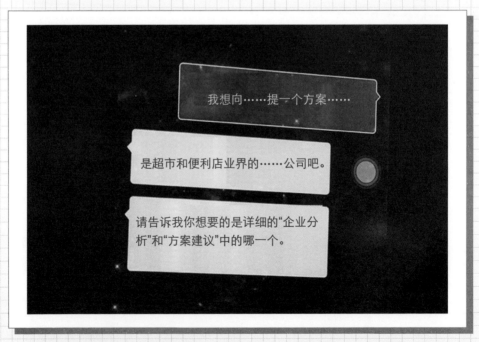

图4-22　销售担当人员回答"那么企业分析"后，应用程序回答："我知道了，请参考这里。"，瞬时就显示出A公司企业分析的雷达图

在"那么企业分析"的情况下，"那么"这个词会被理解为噪声，沃森就明白只有"那么"之后的"企业分析"这个词是有效的（图4-23）。

进而，应用程序还继续显示"根据我的分析，结果是A公司对'降低成本'感兴趣。根据同行业降低成本的例子，给A公司建议'白云ASPIRE'如何？……"，并提示出一段"白云ASPIRE"的功能介绍视频（图4-24）。

重要的是客户给沃森的反馈，比如沃森回答是准确的还是没有回答到要点上，通过这样的过程，沃森学习并自主地进行自我纠正，以便它可以更正确地作出回答。

这个软银大脑（SoftBank Brain）系统中，有两个菜单，"听取建议"菜单和"Pepper相关咨询"菜单，两菜单都是通过与云端的沃森进行联动，实现了流畅的对话和正确的信息提供。

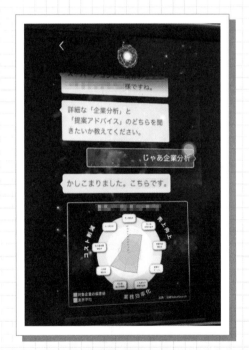

图4-23　沃森的"企业分析"

图4-24　沃森将应该推荐的产品建议给指定的客户，之后沃森会要求客户进行意见反馈

<　**有关实现准确问答的重要事项**　>

　　据软银公司IBM沃森业务部门的立田先生说，"为了找到法人营业部门的问题所在，对所有销售人员进行了问卷调查。问卷调查的结果显示，平均需要花将近40min的时间来收集信息以准备谈判。为了使这些工作更加有效率，我们判断必须有一个系统，只要向它提出问题，它就能立即提供最佳的答案，所以开发了使用沃森的软银大脑（SoftBank Brain）系统。"（图4-25、图4-26）。

图4-25　客户拜访前的准备工作平均花费40min

图4-26　销售人员如果问："你能给制造业的A公司提什么方案？"，软银大脑回答道："有经验显示制造业10年周期更换一次服务器，今年正好是更换的时候，先建议客户更换服务器……"

当被问到"要实现高质量问答，什么最重要"的时候，立田先生（图4-27）是这样回答的：

"通过给沃森提供大量的数据并进行机器学习，沃森逐渐成长，变得越来越聪明，它能理解和人的自然语言对话中人的意图，并推导出准确的回答。但是，要让沃森较好地成长有很多技巧，要收集和实际应用相同环境下的原始对话、原始互动信息。

然而，这和事前准备常见问题（FAQ）的意思不太一样，即使精通业务的担当人员准备非常漂亮的FAQ，但仅仅这样还是要失败的。像沃森这样灵活运用专业对话功能的机器学习，不仅仅需要事先整理好问答信息，而且更需要现场日常的实际对话，时不时还需要有些感觉起来似乎不恰当的问法，这样的对话可能会起到更大的作用。

因为是一个通过对话来实现交流的问答系统，所以，比如想问'Pepper充满电时的续航时间是多少？'这样一个问题时，'Pepperの満充電時の稼働時間は？'这样漂亮的表达方式并不利于系统的学习，相反'Pepperのバッテリーってどんぐらいもつものなんですかね？'这种问法更好、更重要。

举个大型银行成功案例来说明：实际上用于销售支持的时候，使用的人不仅限于银行的销售人员，银行外部人员使用的可能性也很高，因此在事先整理好的FAQ中收集的精美问答的基础上，要考虑银行外部人员会怎么问这些问题，这些不同的问法也有必要加入系统中。使用包含兼职人员在内的工作人员收集这些问题表达方式，结果沃森在两周的时间里正确回答率得到了大大提升。"

图4-27　软银公司法人事业统括、法人事业战略本部、新事业战略统括部、沃森商业推进部部长立田雅人先生

4.9　沃森回答问题的原理（6个日文版API）

　　IBM沃森被细分为各种各样的功能，这些功能由应用程序编程接口（API）提供，根据需要，技术人员可以将必要的功能（API）整合到他们自己的系统中，这样就可以和沃森进行联动，然后通过这样的机制来实现问题的回答。

　　前面提到过，IBM沃森日文版（图4-28）中有以下六种API，它们具体是采用什么样的机制进行动作的呢？

图4-28　IBM沃森的日文版API

　　例如，要开发一个自然语言的对话系统，可以使用下面的各种功能。

【像聊天机器人一样的文本对话】

　　许多公司想创建一个像LINE和Facebook Messenger等那样使用文字进行聊天，系统会针对用户的问题进行自动响应。

这种情况下，可以如图4-29那样来使用沃森的接口。其中，回答问题的API是"NLC"（Natural Language Classifier）和"DLG"（Dialog）。

当用户输入"涩谷站附近的店铺是哪家店？"时，系统回答"是宫益坂店"，这其中就使用了"NLC"和"DLG"。

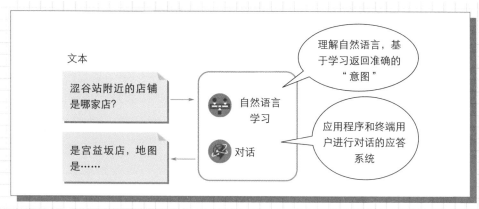

图4-29 使用"NLC"和"DLG"

然而，在实际的应用中有必要分解用户的提问，"分析"用户想知道什么，针对问题"查找"更适合用户问题的答案。这些过程中使用"NLC"和"R＆R"（Retrieve and Rank），并且用"DoC"（Document Conversion）转换排名最高的答案，进而对用户作出响应，如图4-30所示。

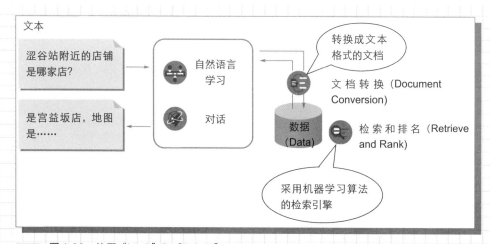

图4-30 使用"NLC"和"R＆R"

那么，非文本的交互、通过语音进行的交互又如何呢？也就是说电话的自动应答，或者机器人回答用户提问的情景下，如何应对？

这种情况下，接受问题时需要STT（Speech to Text）技术来识别用户的声音并将其转换为文字，在应答时需要TTS（Text to Speech）技术将沃森的回答转换成语音，如图4-31所示。

前面以沃森的API运用实例进行了说明，其他AI聊天机器人也是采用相同的技术和机制来实现的。

在这种情况下，在数据（Data）部分，将针对客户提出问题的回答不断积累。

对计算机来说，难就难在人并不总是用同一种表达方式来问同样的问题。例如，电器店的接待处放置的机器人和来店的客户交谈的表达方式都不一样，但最佳答案都是相同的，如图4-32所示。

像上面介绍的那样，理解问题的意图，并将其与最佳答案联系起来的这种方法非常重要，像沃森这样的认知系统和AI聊天机器人需要自主地学习这种方法，学习的时候，使用了到前面介绍的机器学习和深度学习。

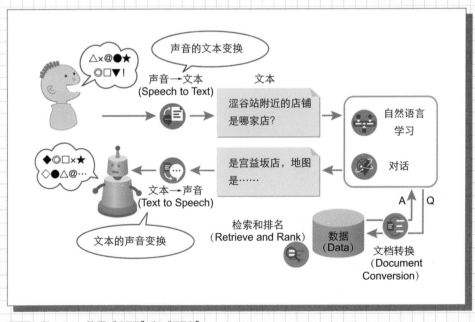

图4-31 使用"STT"和"TTS"

图 4-32　问题不一样，但最佳答案是相同的

4.10　IBM 沃森日文版解决方案包

　　企业在开发使用沃森的系统或考虑导入沃森的时候最关心的一点就是成本。对于进行开发或提出开发方案的开发公司来说也是同样。据说截至 2016 年上半年，沃森学习要花半年的时间，使用成本超过 1 亿日元。

　　2016 年下半年，有报道称 2000 万日元左右可以开发使用沃森的系统，甚至还有小道消息说要提供低价版的沃森。但是，沃森也提供了一种相对简单的方法，可以通过 BlueMix 等平台将 API 集成到自己的系统中来使用。而且，还提供了一定时间段内免费使用的机制，因此对开发公司来说可以通过试用来判断沃森是否能够在系统中发挥作用。这种情况下，不一定要花费数千万日元的开发成本。

　　但是，即使这样它的成本仍然还是有难以理解的一面，这是因为沃森的收费是采用一种称为"从量课金制"的制度，也就是说按照数据交易量来进行收费，使用越多费用越多，所以很难做出一定的预算。

图4-33 "FAQ管理系统"的界面，作为沃森学习基础的问与答的对话可以通过直观的用户界面来完成

　　还有一个问题就是，究竟沃森的API有什么样的功能，究竟在什么样的服务或系统中可以使用，这些对一般的企业或者开发公司来说都是很难懂的。

　　软银公司提供的IBM沃森日文版解决方案包解决了上面的问题，使得这些问题变得更容易理解。

　　软银公司与IBM日本公司合作开发日本市场，正在实施的IBM沃森生态系统计划（Eco System Program）是其任务之一。他们与生态系统合作伙伴签订合同，每年约有180万日元支持其开发和销售。对于生态系统合作伙伴，可获得免费提供的由软银公司开发的支持沃森的"FAQ管理系统（FAQ Management System）"（图4-33）。

　　"解决方案包"提前进行基础开发，明确提供什么样的服务，而且尽可能地明确相关的费用，以此来促进沃森导入这样一种服务。截至2017年2月，已经上线了具有图4-34所示功能的解决方案包。

图4-34 软银公司和开发伙伴开始提供的IBM沃森日文版解决方案包

● AI聊天机器人

服务名称	企业名称	费用
hitTO	jena株式会社	试用包75万日元，正式使用的月租费50万日元
AI-Q	木村情报技术株式会社	初期费用200万日元起，月租费24万日元（400个ID）起

● 邮件回复支持

服务名称	企业名称	费用
technomark Cloud+	NTTData先端技术公司	5名邮件回复专员使用的情况下，初期登录费用30万日元，月租费24万日元

● 沃森联动的Pepper接待和客户引导

服务名称	企业名称	费用
e-Reception Manager for Guide	Soft Brain株式会社	月租金65000日元起

4.11　聊天机器人中AI导入关键

《 面向外部的聊天机器人的使用 》

聊天系统是多人通过输入文字进行沟通的系统，智能手机中的LINE、Facebook Messenger、SnapChat、Slack和短信（SMS）等均是该类系统。

聊天机器人（Chatbot）是一个由聊天（Chat）和机器人（Robot）组合而成的，它是利用了类似人与人之间交流的聊天系统，但其中一端能够进行自动回答。

想象一下公司的呼叫中心，在采用电话应答的情况下，一个客户必须要安排一个接线生来处理。如果使用聊天系统来处理的话，其优点就是根据内容一个接线生可以应付多个客户，而且可以有效地处理业务（图4-35）。

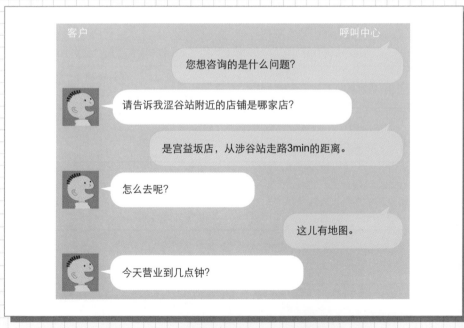

图4-35　虽然现在人们之间的对话聊天是主流，但企业用户希望尽可能采用自动应答系统（Chatbot）来处理这类业务，以达到提高效率和降低成本的目的

　　因此，接下来的课题就是，如果被咨询的问题是和主页上FAQ里记载的问题相类似，则可由自动应答系统给出回答；如果被咨询的是一个错综复杂的问题时，则可通过切换到人工接线员来维持客户满意度，这个时候就不能实现自动化吗？（图4-36）

《 面向公司内部的聊天机器人的使用 》

　　公司内部也有使用聊天机器人的需求。例如，面向公司内部的呼叫中心，经常有"我丢失了员工证，怎么办好啊？""年休假怎么申请呀？"等来自员工的问题，这时同样需要使用聊天机器人来提高效率。

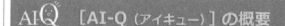

图4-36　图为木村情报技术公司的"AI-Q"解决方案的介绍，很多企业想把公司内部和图中相类似的问题等由接线生移交给聊天机器人来完成

﹤ AI聊天机器人的提供 ﹥

此外，正如在介绍软银大脑（Softbank Brain）时介绍过的那样，想缩短查询特定客户或行业的销售方法，以及减少搜索相应资料的时间，也是一种需求。

由Jena公司提供的"hitTO"，除了可以创建网页的Q&A问答系统，还可以使用智能手机的现有应用程序、现有通信工具（如LINE、SLACK、Skype等）以及Pepper等机器人来开发面向公司内外的AI聊天机器人（图4-37、图4-38）。

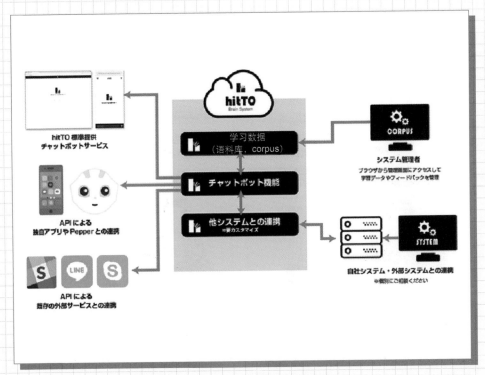

图4-37　Jena公司提供的"hitTO"，和沃森联动可以根据企业用户的需求量身定制聊天机器人。LINE和Skype也可以

①从智能手机的应用程序中通过语音输入问题

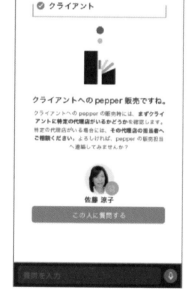

②自动回答问题,进行最适对应

图4-38 智能手机应用程序的聊天机器人示例(hitTO)

‹ 什么是语料库？ ›

图4-37中的词汇"语料库"（corpus）是什么意思？一般来说，"语料库"是集合了文字和发声并数据库化的资料，这是沃森实现机制中很重要的一个点。语料库中积累了和每个行业、专业术语、各种表达方式等相对的对话、问题和回答等的数据，这些数据供沃森学习使用。语料库通常是为每个企业用户定制的。

例如，由于花店行业和家具行业的语料库不同，这就关系到对"白色的桌子上的花朵"这句话中的"白色"一词的修饰推理了。在花店行业中，"白色"更有可能是来修饰鲜花，而在家具行业，"白色"更可能修饰桌子等，词语分析的权重应该根据语料库而有所不同。

此外，医疗行业、律师行业、呼叫中心等用途的云端提供语料库供用户使用。因此，假设呼叫中心用的语料库不都一样，每家公司的呼叫中心都需要根据它们各自的行业术语、技术术语和习惯来定制语料库，所以它的准确性直接关系到沃森的应答质量。

‹ 回答结果的反馈 ›

在Q&A应答系统中，通过反馈来提高应答准确性是非常重要的。反馈就是提问者将判定AI回答是否正确或是否恰当的结果反映给应答系统。

Web等的问题应答系统或者基于聊天的客户中心使用完毕之后，经常会看到一个问卷，例如会调查"这次的回答正确吗？"，或者"处理得合适吗？"等，这也是反馈的一种。

不管接线生是人还是聊天机器人，如果提问者判断回答是正确的，那么到此为止就好了，而提问者判断回答是不合适的，则应该回答别的内容，这样的信息对下一次学习是很有用的。

在使用聊天机器人的情况下，制作一览表，可以在列表中看到反馈信息，并且管理员会根据该反馈将正确的答案和AI建立关联。通过这项工作，下一次聊天机器人可能会得到更大的成长，可以返回更合适的答案（图4-39）。

图4-39　hitTO的反馈管理的操作界面。管理员看到提问者的判断评价，并反映到下一次的学习中。从画面上可以看到有些被判断为"GOOD"，还有些被判断为"BAD"

4.12　沃森的导入实例（3）——邮件回复支持

　　"我想下订单，购买的商品在送达之后还可以退货吗？"，客户发来这样的咨询邮件后，邮件处理专员的个人电脑的回复电子邮件界面上显示"感谢您一直以来的使用，感谢您的咨询。"这样的固定的邮件头，以及"今后也请多多关照。××客户中心"的邮件结束语，邮件头和结束语之间自动插入了"如果商品送达后未打开或未使用时可以退货，但是退货时的运费……"这样的语句。这段语句是沃森给出的对邮件回复的候选文本排名最高的一段语句。这样邮件处理专员大致地确认一下内容，按下回复按钮就可以进入下一个咨询邮件的处理。在接下来的咨询中，沃森也会清楚地表达出它认为最佳的回复文本（图4-40）。

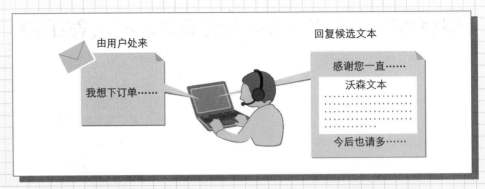

由用户处来

我想下订单……

回复候选文本

感谢您一直……

沃森文本

今后也请多……

图4-40　回复来自客户的电子邮件的文本中沃森会自动插入准确的语句

NTTData先端技术公司的云服务"Techno Mark Mail"是以那些有多个邮件处理专员在处理（回复）送到公司主页的"咨询表单"或"支持中心"的电子邮件的企业为对象的。在金融业、制造业等不同领域和不同行业已有超过70家企业（或公司）导入了Techno Mark Mail，在提高邮件处理效率方面取得了进展。

该系统搭载了NTTData先端技术公司开发的日文解析引擎，但该公司在内部把日文解析引擎和与IBM沃森日文版联动的日文解析引擎进行比较验证后，据说得出了正确回答率较之前提高了10%的结果。

通过这样的验证，使用沃森的支持电子邮件回复的"Techno Mark Cloud +"诞生了，这是由软银公司提供并上线的IBM沃森日文版解决方案包之一。

沃森建议电子邮件回复的文本

随着咨询邮件数量的增加，会出现各种各样的问题，业务就被弄得复杂化。电子邮件回复模式的增加自不用说，业务资历浅（技能低）的邮件处理专员处理得不恰当使得和客户的关系更复杂；随着咨询人数的增加，邮件的数量以滚雪球的方式增加，由哪位处理专员来回复变得不清楚，导致处理专员忘记回复邮件等，这些都成为许多问题的根源。

那么，沃森能提供什么帮助呢？

例如，以汽车保险服务台为例进行说明。车轮爆胎了，"**タイヤがパン**

クした""車の空気が抜けた""輪つかがペチャンコだ"和"バーストした"等，从用户听到的说法多种多样。如前所述，沃森能理解表达相同的问题，并返回准确的回答，在这一点上沃森表现非常出色。

通过将沃森认为合适的答案显示在邮件处理专员的电脑屏幕上，邮件处理专员确认内容，如果认为正确并同意该内容，可以通过简单的操作发送并执行答复处理。

这对资历浅的邮件处理专员来说是很有帮助的。

"Techno Mark Cloud+"是软银公司的解决方案包之一（图4-41），其使用费是明确的，费用根据同时登录的用户数量的不同而不同。服务台就是席位数，"同时登录的用户数量"即同时提供服务的人数。即使是10个席位，同时登录到"Techno Mark Mail"的用户如果是5人，可以使用"5个用户"的许可。同时，如果相应邮件处理专员的人数是5人，则初始注册费用为30万日元，月租费为24万日元。每个邮件处理专员每月月租费为48000日元（全部不含税）（表4-1）。

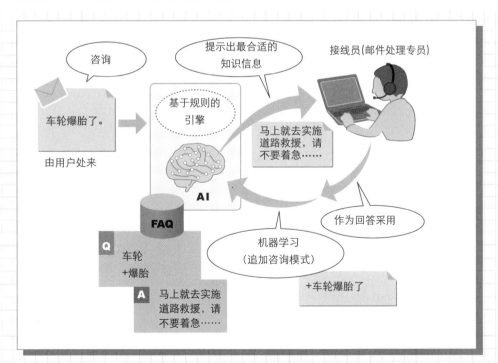

图4-41　Techno Mark Cloud+"基于人工智能的接线员支持"（根据NTTData先端技术公司的资料制作）

表4-1　Techno Mark Cloud+收费体系［2017年1月的标价（不含税）］

用户数	5用户同时访问包	10用户同时访问包	15用户同时访问包	30用户同时访问包	50用户同时访问包
初期注册费用	300000日元	300000日元	300000日元	300000日元	300000日元
月租费	240000日元	370000日元	480000日元	830000日元	1240000日元
用户追加时初期注册费用	NA	NA	NA	NA	NA
每月用户平均价格	48000日元	37000日元	32000日元	27700日元	24800日元

4.13　从推文或邮件分析性格、情感和文章语调

"计算机不懂人的感受"

这样的台词或许是过去的事情了。用大数据学习的人工智能什么都能分类、分析和预测的时代正在来临，人工智能可以分析人的情感、情绪和性格。当然，对人的性格的分析本身就没有正确答案，人工智能分析准不准确是另外一回事情。

事实上，沃森不仅仅有问答的功能，在一开始它就有分析人性格的功能。

英文版中，性格分析功能就是以前使用的"性格洞察"（Personality Insight）功能。

≪ 从推特分析个性 ≫

"性格洞察"是一种通过应用语言学分析人格的理论，是从文本数据中推测作者特征的工具。简而言之，它只是通过输入文本句子和推特账号就可在一定程度上分析该人的特征（性格和思维方式倾向等）。

"性格洞察"是在IBM Bluemix的演示站点"IBM Watson Developer Cloud"上对外公开开放的，日文页面也有提供（图4-42）。在演示中展示了基于名人推文的分析过程，点击后可以得到沃森基于特征分析得出的

结果。截至撰稿时，日本名人可以选择达比修有（Yu Darvish）先生（译者注：达比修有是日本著名棒球手），以前也可以看到对Lady Gaga的特征分析结果。

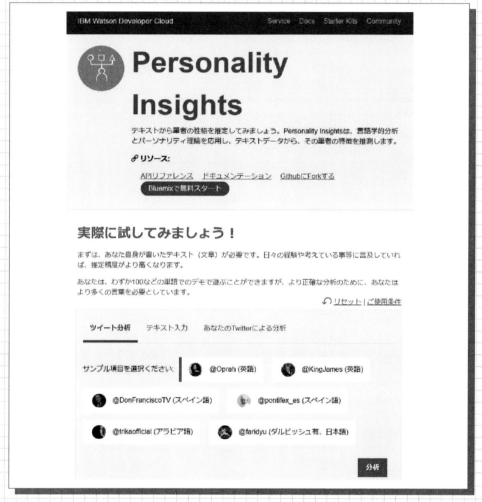

图4-42　"性格洞察"（Personality Insight），IBM沃森分析人的特征的演示页面。点击"根据你的推特进行分析"时，沃森会读取你的推特账户并对其进行分析（https://www.ibm.com/smarterplanet/jp/ja/ibmwatson/developercloud/personality-insights.html）

从你自己的推文中分析特征，让沃森来帮你分析分析，如何？

下面是对达比修有先生的分析结果（图4-43、图4-44）。

得分全部是用百分数表示的，即是用在庞大的团体中的位置来表示。例如，外向程度90%的结果，不是表示这个人90%是外向性格，而是意味着100个人之中，比他外向程度更低的人有90人（比他外向程度高的有10人）。

我们对每种语言收集推特数据进行学习，再用独自拥有的模型进行性格诊断。

表达方式丰富、自信、合理的类型。 　坚韧型：面对困难能够持续努力地去克服。开朗型：充满喜悦的，能和周围的人分享喜悦的类型。满怀信心行动型：不感觉到困难，大多数情况下都是充满信心。 　创新性地（有意识地发现新事物）进行决策。 　不太讲究享受生活乐趣。比起单纯的个人乐趣，优先实施能实现更大目标的行动。自主性很大程度上影响了你的行为。为了获得最大的成果，有自己进行目标设定的倾向。	有如下的倾向； 　买车很看重车辆的维护费用 　为了给社会做贡献参加志愿者活动 　读非虚构类作品 如下的倾向性比较低； 　买东西时重视商品的实用性 　读娱乐杂志 　喜欢恐怖电影

图4-43　"性格洞察"对达比修有先生的分析结果

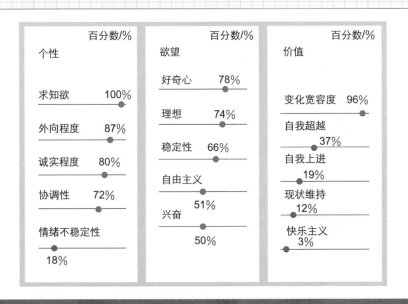

图4-44　用百分数表示的个性、欲望、价值

解析文章语调的"语调分析器"(Tone Analyzer)

"语调分析器"(Tone Analyzer)是读取各种各样的文章,如电子邮件、文章文件、博客、评论等,从而分析文章语调的工具,这个工具也公开对外发布在IBM Watson Developer Cloud上。

文章的语调,包括情感的表现、给人攻击性印象的语句、社交内容的有无等,这些沃森能够进行分析。

其中有一个演示是"Email Message",在这个演示当中,将一封估计是由项目团队管理者(上级)向项目成员(下属)发送的电子邮件的内容作为样本,这是一封内容包含"营业额状况很严峻,这也不能归结为经济恶化的原因"这样有些严肃语句的邮件。

(引用)

Hi Team,

The times are difficult! Our sales have been disappointing for the past three quarters for our data analytics product suite.We have a competitive data analytics product suite in the industry.However,we are not doing a good job at selling it,and this is really frustrating.

We are missing critical sales opportunities.We cannot blame the economy for our lack of execution.Our clients are hungry for analytical tools to improve their business outcomes.In fact,it is in times such as this,our clients want to get the insights they need to turn their businesses around.It is disheartening to see that we are failing at closing deals,in such a hungry market.Let's buckle up and execute.

Jennifer Baker

Sales Leader,North-East region

沃森对邮件内容进行解析之后,分析出"愤怒"(Anger)、"厌恶"(Disgust)、"恐惧"(Fear)、"快乐"(Cheerfulness)、"消极"(Negative)、"令人愉快"(Agreeableness)、"真诚"(Conscientiousness)、"开放性"(Openness)等表达倾向,并显示出来,还明确指出这些是从哪个词和哪个表达中判断出来的。如图4-45所示。

据前面介绍过的日本IBM公司的中野先生说："沃森的特点之一就是可以在回答问题时给出和回答相应的论据。为什么得出这样的答案，在'人格洞察'（Personality Insights）和'语调分析器'（Tone Analyzer）中沃森不仅能理解自然语言的内容，而且还能给出回答的论据，这些在演示中也能看出来。解释自然语言的困难在于日语需要高度的词素分析这一点上，自然语言中像'ここ''それ''あれ'等的表达方式很多，还有修饰语是修饰哪里非常难以理解等，作为自然语言的解析难点被列举出来。只看一个句子的话很难理解，但人类是通过前后对话和文章的行文来理解的。沃森可以用相同的方式进行解释、理解和推论。"

情绪也可以通过机器学习来理解和进行倾向性分析，AI技术可以活跃的场景正在得到大幅度扩展。

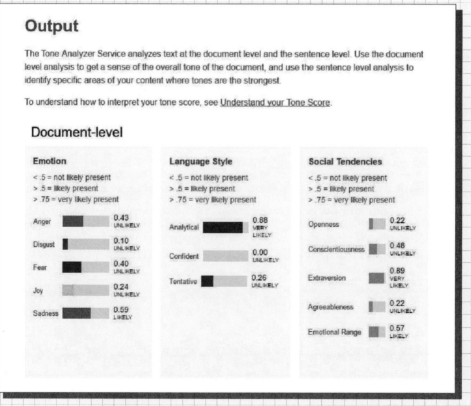

图4-45　邮件解析结果

第 **5** 章

AI计算的最新技术

5.1　Microsoft Cognitive Services (Microsoft Azure)

在利用机器学习的认知服务领域领先世界的是IBM沃森，但微软公司也在迅速地追赶。

如前面所述，美国微软公司在ImageNet的国际大赛中，使用深度学习的图像识别系统"ResNet"参加比赛，击败了谷歌团队赢得冠军。另外，在"语音识别率"方面也发布消息称，取得了超过人类准确度数值的好成绩，所有这些都显示微软公司在AI相关技术中开始崭露头角。

作为产品，微软公司发布了Microsoft Azure云服务，也提供了开发人员喜欢的工具（API和Web应用程序）、库和框架，开发人员使用它可以进行系统开发。

其中，包括了可以说是能和沃森对抗的"Microsoft Cognitive Services"。"Microsoft Cognitive Services"和沃森一样，AI相关技术一应俱全，并以系统开发人员方便使用的形式提供服务。

微软的这个系统虽然在功能上还不能说超过了沃森，但就成本而言门槛低于沃森，能够给系统开发人员提供相对廉价的可以轻松尝试人工智能相关技术的环境。

Microsoft Cognitive Services的功能如下。

【语言】

应用程序处理自然语言，评估情绪和主题，并学习用户如何识别他们想要的内容的方法。

● 语言理解智能服务（Language Understanding Intelligent Service，LUIS）

教会应用程序理解用户发出的命令。

● 文本分析API（Text Analytics API）

轻松评估情感和主题以了解用户的需求。

- Web语言模型API（Web Language Model API）
  利用以Web上的数据为目标的预测语言模型的功能。

- 必应拼写检查API（Bing Spell Check API）
  检测并更正应用程序中的拼写错误。

- 文本翻译API（Translator Text API）
  通过简单的REST API调用即可轻松进行自动文本翻译。

【可视】

通过返回脸部、图像、情感识别等的智能性的见解，自动进行内容审查，是进一步使应用程序个性化的最先进的图像处理算法。

- 人脸API（Face API）
  检测、分析、组织和标记照片中的人脸。

- 情感API（Emotion API）
  通过情绪识别实现个性化用户体验。

- 计算机影像API（Computer Vision API）
  从图像中提取对决策有用的信息。

- 内容审查器（Content Moderator）
  自动对图像、文字和视频进行审查。

【语音】

处理应用程序中的音频语言。

- 必应语音API（Bing Speech API）
  将语音转换为文本，再转换回语音，并理解用户的意图。

- 说话人识别API（Speaker Recognition API）
  使用语音识别并对单个说话人进行身份验证。

- 语音翻译API（Translator Speech API）
  通过简单的REST API调用即可轻松实现实时语音翻译。

● 自定义语音服务（Custom Speech Service）

在如客户端的说话风格、周围噪声、词汇等语音识别难以进行响应时，提高准确性。

【搜索】

深化与Bing Search API的联动，使应用程序、网页和其他功能的使用更加便利。

● 必应搜索API（Bing Search API）

搜索Web文档、图像、视频、新闻并获得全面的结果，包含应用程序用的Web、Image、Video、News的搜索API。

● 必应自动推荐API（Bing Autosuggest API）

为应用程序提供用于搜索的智能自动建议选项。

【知识】

建立复杂信息和数据间的映射关系，以便可以执行诸如合理建议和语义搜索等任务。

● 推荐API（Recommendations API）

预测和推荐客户想要的物品。

● 学术知识API（Academic Knowledge API）

使用Microsoft Academic Graph中丰富的教育相关内容。

注：以上摘自Microsoft Cognitive Services的主页。

5.2　具体体验图像、动画解析技术

微软公司的"计算机影像API"（Computer Vision API）和谷歌公司的"云视觉API"（Cloud Vision API）提供了可以体验通过深度学习等进行机器学习的图像识别系统的页面。

两者都是作为该技术的利用方法，可以通过检测交通工具和动物等图像中的各种各样的物体并附加"标签"。此外，还可以判别面向成人的内容或暴力内容进而排除或不显示这些内容，或者检测图像中包含的多个人的脸部等。

微软公司的"计算机影像API"（Computer Vision API）

在微软公司的认知服务"计算机影像API"（Computer Vision API）的页面上，可以具体体验系统是如何识别和解析图像与视频的。

Microsoft Cognitive Services – Computer Vision API

https://www.microsoft.com/cognitive-services/en-us/computer-vision-api

当使用WWW浏览器打开此页面时，首先看到的是"分析一张图像"（Analyze an Image）的项目。这是解析和分析图像，并将结果显示出来，其中包括图片中有什么，如果图片中有人，则显示人的年龄、性别，同时信心指数也会显示出来。

页面上准备了多张图片（图5-1中A部分），访问者可以通过单击一张图像进行选择。

初始值选择了左上方的图像（图5-1中B部分），分析该图像的结果显示在"Features"（图5-1中C部分）中。在这个例子中，"water（水）""sport（运动）"，"swimming（游泳）""pool（泳池、水池）"等被检测为标签，"confidence"显示的是信心指数，该图像的标题（说明）显示为"a man swimming in a pool of water"（在泳池的水中游泳的男人）。"Features"的下方显示有"faces（脸）"，当检测到人脸时，会显示年龄和性别等数据。在这个例子中，"28岁、男性"的推测结果显示在图5-1中B部分的图像栏中。

访问者可以点击其他图像进行选择并尝试进行识别。当选择拍有很多人的图像时，网页会显示识别出来的人脸和相应的年龄、性别，如图5-2所示。

图5-1 采用计算机影像API（Computer Vision API）进行图像分析

图5-2 采用计算机影像API（Computer Vision API）进行多人图像分析

图5-2所示的图像被分析为"a group of people posing for a photo"（一群摆姿势拍照的人），并且系统准确地检测到"outdoor（室外）""person（人）""posing（正摆姿势）""group（群）""crowd（人群）"这些标签，圈出了所有被识别出的人脸，并推测其年龄和性别。

在此页面上，系统不仅可以解析预先准备的样本图像，还可以解析任意图像。

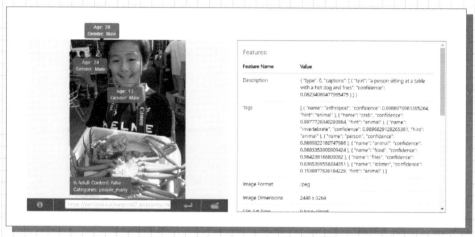

图5-3　上传用户拍摄的照片，可以体验用计算机影像API（Computer Vision API）进行图像分析

通过"Analyze an image"还可以在计算机上指定图像并进行分析。另外，输入URL可以指定主页等的图像。这次选择的是一张手中持有很多螃蟹的男孩的照片，如图5-3所示，在分析结果的标题中显示"a person sitting at a table with a hot dog and fries"（一个坐在放置有热狗和薯条的桌子边上的人），很遗憾的是这个分析结果与事实不符。然而，当看标签的项目时，虽然信心指数低，但还是认为它是"螃蟹"或"龙虾"。另一方面，人的脸部识别得很准确，性别也是正确的，年龄也几乎都符合事实，而且后面拍进来的人也都解析出来了。因为可以像这样测试图像识别的准确性，因此可以尝试通过指定自己拍摄的各种照片来体验认知的特征。

在此页面还介绍了从图像中解析、检测的技术，如检测动画中拍摄的内容并进行实时显示的功能（API）、识别文字并进行文本转换的功能等（图5-4～图5-7）。

图5-4 针对左侧视频，在右侧视频上用文字实时显示检测到的内容

图5-5 当场景发生变化时，检测到的内容也发生变化并显示出来

图5-6 街头情景画面的解析

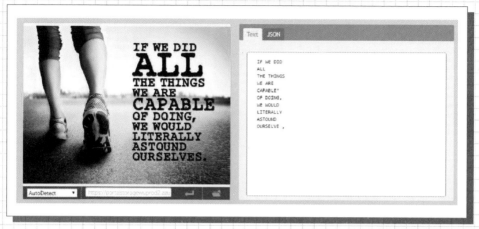

图5-7 检测图像中的文字并将它们转换为文本。可以尝试使用自己的图像文件（可能不准确，但日文也是可以的）

《 谷歌公司的"云视觉API"（Cloud Vision API）》

谷歌公司同样提供了识别图像并附加标签的API，同时也还提供了日文页面（图5-8、图5-9）。

实际上，与IBM Bluemix一样，这些页面是面向系统开发人员的。通过使用API，客户可以轻松地将基于云的图像分析功能添加到自己公司开发的系统中去。

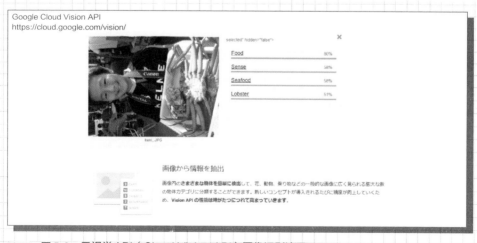

图5-8 云视觉API（Cloud Vision API）图像识别演示

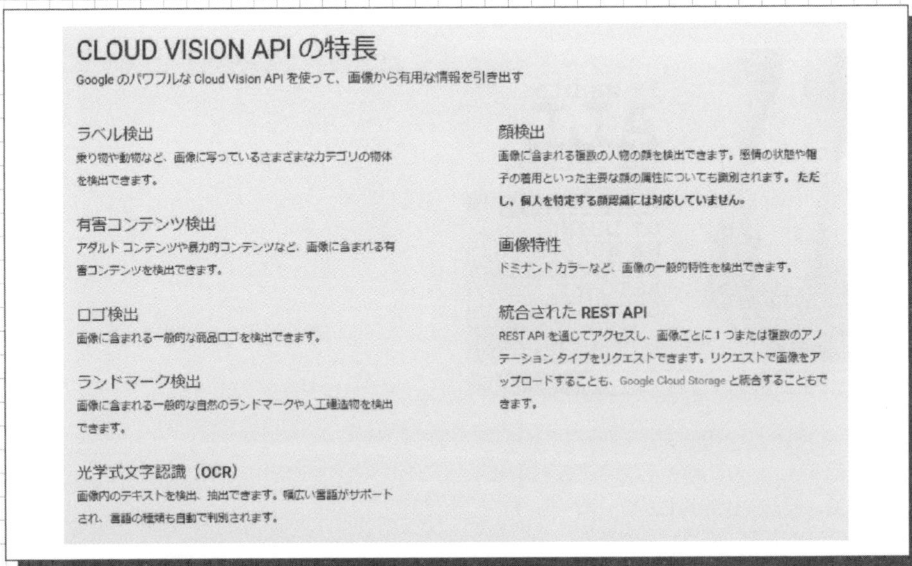

图5-9　云视觉API（Cloud Vision API）的特长

　　IBM公司、微软公司和谷歌公司都正在试图通过将这些技术作为云服务API提供给系统开发人员来进行商业推广。开发深度学习和神经网络本身需要花费大量的成本和时间。据说现在掌握这些基本机制的技术人员世界上也就仅仅数百人。

　　但是，通过使用由IBM、微软和谷歌等公司开发和提供的API，系统开发人员可以将神经网络机制快速纳入自己公司的系统。这就是为什么每天都有采用AI相关技术的系统在新闻中发布。

　　当以这种方式具体地理解了AI相关技术的使用方法时，"人工智能"这个词就没有什么可怕了，也并不是什么特殊存在的计算机诞生了，而是可以理解为识别和分析诸如图像、文字、声音等数据的新技术兴起了，未来计算机的真实面貌已经出现了。

5.3　深度学习和GPU

　　2017年1月，在美国拉斯维加斯举办的"2017年国际消费类电子产品展览会（International Consumer Electronics Show 2017，CES2017）"上，发表第一场演讲的是NVIDIA（英伟达）公司首席执行官黄仁勋先生。黄先生在2016年10月于日本举办的名为"GTC Japan 2016"的活动中也在参会人员面前高声宣布，NVIDIA公司将从"视觉计算公司"变革为"AI计算公司"（图5-10）。

在深度学习横扫IT行业的过程中，NVIDIA公司瞬间成为崭露头角的顶级行业中的闪耀新星。

为什么NVIDIA公司会在深度学习领域中吸引如此之多的关注呢？NVIDIA公司宣布AI计算的技术优势在哪里呢？关于这些，下面简单地介绍一下它的要点。

图5-10 "GTC Japan 2016"的主题演讲中，黄仁勋先生手持嵌入式AI超级计算机"JETSONTX 1"宣布变革为"AI计算公司"

〈 GPU领跑者－NVIDIA公司 〉

除了对自制电脑感兴趣的人之外，可能有很多人对NVIDIA这个公司不太了解，该公司是一家半导体制造商，对消费者来说最熟悉的产品是视频板（图形扩展卡）或图形加速器板"GeForce"，对系统技术人员来说可能听说过面向工作站的Quadro、面向超级计算机的Tesla。

也就是说NVIDIA是一家专门从事图形处理技术的公司。"GPU"是Griphics Processing Unit的缩写，即是图形处理单元，也就是安装在Grabo中的IC芯片。

计算机的大脑是"CPU"（中央处理单元，Center Processing Unit）。图形的高速处理给CPU带来了沉重的负担。也就是说，图形处理所需的"矩阵运算"或"并行运算"处理并不是CPU特别擅长的领域。因此通过增设Grabo，由安装在Grabo里GPU高速接管"矩阵运算"和"并行运算"，并进行分布式处理，可极大地提高计算机的处理速度（图5-11）。

因此，使用3D或CG处理高清图像的创作者和游戏爱好者等用户，在选择计算机时除了要对CPU的性能关注外，还应选择高性能的Grabo和GPU，并自己组装制作计算机。

1.将计算机的基本处理交给"CPU"。
2.诸如3D，CG和巨大图形图像等演算处理留给"GPU"来处理，可以大幅度提高处理速度

图5-11　CPU和GPU的作用

＜ 活跃于AI计算中的GPU ＞

从这里开始，我们谈谈"AI计算"。模仿人脑神经网络的数学模型结构本来就很复杂，在那里再创建多层网络，并通过深度学习的方法进行机器学习的话，演算处理量将非常大，并且给计算机带来沉重的负荷。机器学习中还需要加载大数据，因此，即使使用传统的大型计算机来进行深度学习也可能需要几天到几个月才能完成。

GPU能够有效地处理这项工作。深度学习所需处理基本上都是"矩阵运算"处理。也就是说，它与图形处理中的矩阵运算中的高速处理技术一样。为了高级图形计算而开发的GPU在深度学习的矩阵运算方面也同样非常有效，据说粗略估计至少较CPU可以加速10倍以上（图5-12）。

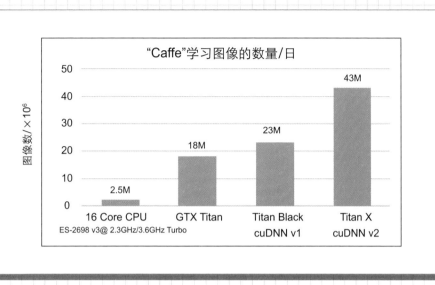

图5-12　采用深度学习的方法学习整整1天的性能比较图（NVIDIA公司提供），单独使用16核CPU时，处理了250万张图像，添加名为GTX Titan的GPU板并进行处理时，处理图像张数提升至18×10^6张，如果使用更高性能的Titan Black处理可提高到23×10^6张，使用TITAN X时能够处理43×10^6张，经过测量已经远远超出了10倍的数值

　　CPU性能经常会用核（Core）的数量来表达，日常中，我们可以看到Dual Core（双核）、Quad Core（4核）这样的表现方式。GPU是由数千单位的相当于CPU的核的东西构成，即使从这一点我们也可以想象GPU和CPU在构造上的差异，可以期待它的更专业性的性能改进。

　　GPU还具有另一大特性，这就是可扩展性。通过将GPU板由1个变为2个，2个变为4个这样增加GPU板数量，可以提高处理速度，这也是GPU一个很大的优势。以下是戴尔（DELL）公司公布的基准数据，以最初戴尔的高性能计算机为基础，当没有GPU时，性能数值为89，但增加1个"NVIDIA Tesla P100 GPU"时性能数值提高到468，增加2个提高到894，增加4个提高到1755。这印证了随着Tesla P100 GPU的追加，相应地性能得到了提高（图5-13）。

　　企业开发或导入基于深度学习的机器学习系统时，以前必须将用深度学习来进行机器学习的"训练"计算时间大量估算在内，而且为了得到实用程度的速度，必须构建一个超级计算机级别的系统，但是事实上能够提供高昂的计算机中心的企业是非常有限的。

这种时候能起作用的是GPU计算，通过使用矩阵运算能力远远强于CPU的GPU，使得相对便宜且容易地构建一个高速的深度学习处理系统成为可能（图5-14、图5-15）。

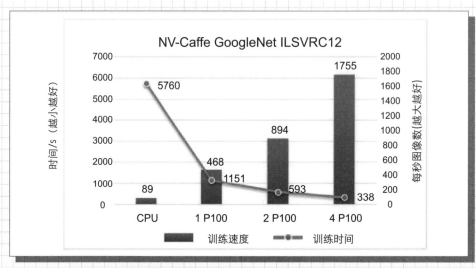

图5-13　戴尔公司发布的深度学习性能对照表。从左侧开始依次是，仅仅CPU、追加1个GPU、追加2 GPU、追加4个GPU时的测量结果［资料由戴尔（DELL）公司提供］

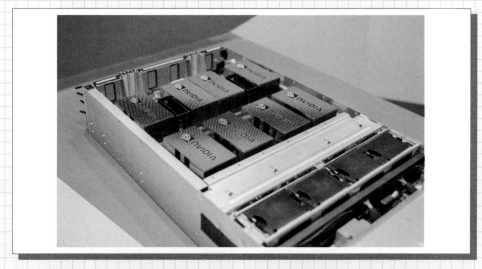

图5-14　AI超级计算机"NVIDIA DGX-1"。它是世界上第一个利用深度学习和AI进行分析的专用系统，据该公司称，能够发挥相当于以前250台服务器的性能。图中是由多个可以看到NVIDIA公司LOGO的单元并行排列的GPU

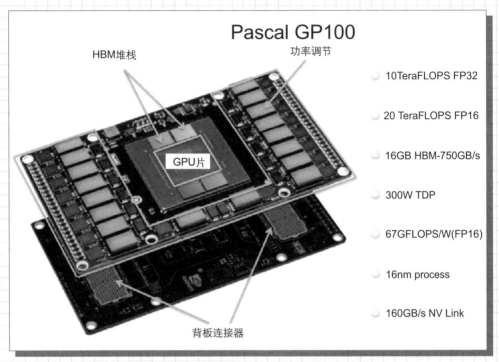

图5-15　GPU计算板"Pascal GP100"（资料由NVIDIA公司提供）

5.4　应用于自动驾驶和机器人中的AI计算

〈 用于自动驾驶的AI板"DRIVE PX2" 〉

　　需要深度学习和高速图像处理技术的不仅仅是超级计算机，需要该技术的最热门的领域是自动驾驶，要实现自动驾驶，汽车需要许多先进技术，首先需要的就是包含摄像头的传感器技术（图5-16、图5-17）。

　　自动驾驶车辆必须几乎实时地处理来自摄像头和传感器的信息，并掌握周围的情况，例如，道路状况、车道、周边车辆、临时停止或停放的车辆、行人、自行车、建筑物、建筑工地等。为了处理这些信息，并利用GPU的AI计算机，而且采用深度学习技术进行状况的学习，这些都需要建立一个平台。

ブラットフォーム

オートクルーズ向け DRIVE PX 2
スモール フォーム ファクタのオートクルーズ向け DRIVE PX 2 は、高速道路での自動
運転や高精細地図の作成を含む機能を処理できるよう設計されています。このブラッ
トフォームは 2016 年第 4 四半期に利用可能となります。

オートショーファー向け DRIVE PX 2
ポイントツーポイントの走行で、2 個の SoC と 2 個の離散 GPU
を搭載した DRIVE PX 2 構成を利用できます。

完全自動操縦向け DRIVE PX 2
複数の完全構成 DRIVE PX 2 システムを単一の車両に統合するこ
とで、自動運転を可能にします。

图5-16　NVIDIA DRIVE PX2人工智能计算平台。根据开发人员希望的自动驾驶规模准
备了三款自动驾驶用的DRIVE PX2板（图摘自NVIDIA公司主页）

图5-17　NVIDIA公司在自动驾驶培训和实地验证试验中使用的自动驾驶车"BB-8"

NVIDIA公司的"DRIVE PX2 AI计算平台"就是这样一种平台。DRIVE PX2提供了三个阶段的版本，面向自动巡航（在高速公路等地方自动行驶）、面向点到点的自动驾驶（特定地方间的自动行驶）和面向完全自动操控（图5-16）。

NVIDIA公司已经在美国加利福尼亚州不断地重复自动驾驶车辆的开发研究和公共道路上的实地验证试验（图5-17）。根据该公司发布的消息，识别周边情况并在公共道路上自动行驶已经取得了基本良好的效果，今后将通过建立与实际道路的关联，与服务器联动来进一步强化系统，目前已经进入这样一个阶段（图5-18～图5-21）。

汽车制造商也对这项技术表现出兴趣，NVIDIA公司宣布了与梅赛德斯－奔驰、沃尔沃、奥迪、特斯拉等汽车公司建立合作伙伴关系，开发自动驾驶汽车。另外，NVIDIA公司还与在新加坡进行公共道路行驶测试的世界第一辆自动驾驶出租车NuTonomy、中国百度、欧洲的无人驾驶巴士WEpo合作，也想在更广泛的场地内的自动驾驶或由当地市政运营的交通工具中导入"DRIVE PX2"。

地图信息对于自动驾驶来说也很重要，在这方面NVIDIA公司也宣布了与HERE、TomTom、百度、Zenrin等进行合作。

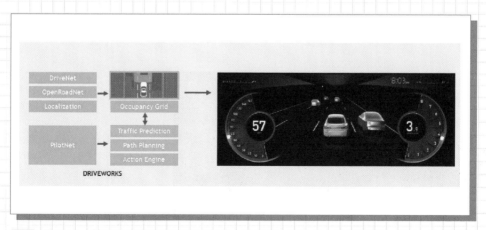

图5-18　基于深度学习实现了感知AI、定位AI、驱动AI，使用了称为"DriveNet"和"PilotNet"的联动技术进行实现

图5-19　自动驾驶车
辆识别正在施工中的
锥体物而行驶其间的
影像

图5-20　自动驾驶车
辆识别周围汽车的
影像

图5-21　自动驾驶车
辆识别行人和对向来
车的影像。实际的视
频 在YouTube上 公
开发布（"NVIDIA AI
Car Demostration"，
NVIDIA － YouTube
https://www.youtube.
com/watch?v=-96
BEoXJMs0）

《 嵌入式AI板"JETSON TX1" 》

　　和自动驾驶一样，即使比汽车更小的机器设备也需要深度学习，例如，无人机、机器人等。NVIDIA公司还发布了信用卡大小的AI计算机板"JETSON TX1"。

　　在"GTC Japan 2016"展会上，展示了搭载了JETSON TX1的RoboCup用的足球机器人、在筑波市内的人行道等地方自主行走的"筑波挑战"用移动机器人、带摄像头的无人机、丰田汽车公司的生活支持机器人"HSR"、CYBERDYNE公司的自动扫地机器人和搬运机器人等（图5-22 ～图5-24）。

　　这些机器人上还安装了与深度学习相关的系统。

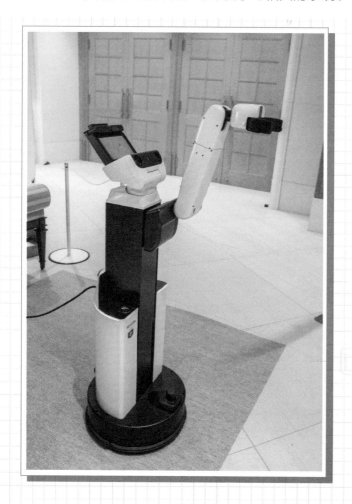

图5-22　丰田汽车公司的生活支持机器人"HSR"，它可以帮忙开、关窗帘和抽屉，拿取塑料瓶等，其上搭载了JETSON TX1

图 5-23　千叶工业大学 RoboCup 出场用的仿人机器人。通过深度学习可检测出足球。据
说在 Intel Atom D525 中耗时 190ms 的深度学习处理时间在 JETSON TX1 中缩短为 4ms

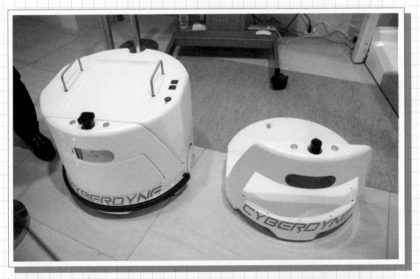

图 5-24　CYBERDYNE 公司商用自动扫地机器人（左侧）和搬运机器人（右侧），其中搭
载了 JETSON TX1

5.5　轻松实现深度学习框架

　　据说世界上仅有数百名开发人员从根本上理解神经网络和深度学习。虽然这样，但为什么宣布推出使用深度学习和机器学习系统的企业陆续登场呢？

　　如前所述，即使不能开发深度学习本身，但只要使用深度学习用的库，在自己的系统中嵌入深度学习也不是难事。已经有几家公司发布了深度学习用的库，其中也有一些是免费提供的。

　　比如有谷歌公司开发的，实际上谷歌公司的一些服务中也使用到的"TensorFlow"、由日本知名的Preferred Networks公司开发的"Chainer"、美国加利福尼亚大学伯克利分校的研究中心开发的"Caffe"，另外还有"Theano""Torch""Minerva"等。

　　正如使用硬件需要有配套的软件（设备驱动程序）一样，要使用高速的GPU，是否有支持GPU的库也很重要。因而，有必要开发用作库的软件以有效地使用GPU。NVIDIA公司也注意到这点，提供了桥接库"cuBLAS"和"cuDNN"，以便如Caffe、Theano、Torch、Minerva等深度学习库能使用GPU进行高速映射和演算处理（图5-25）。

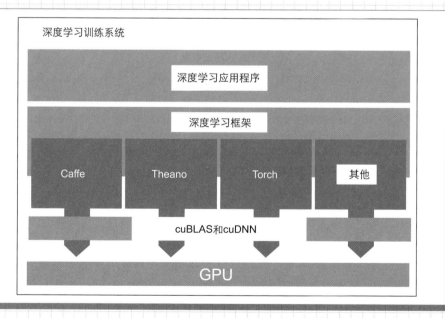

图5-25　NVIDIA公司自己开发并为开发人员提供了"cuBLAS"和"cuDNN"，以便深度学习的"Caffe"和"Theano"等库能以最优方式使用GPU，从而降低深度学习开发成本和实现难度（图由编辑部根据NVIDIA公司资料制作）

下面是有些技术性的话题，GPU是面向图形处理开发出来的，为了在图形处理以外的领域也能有效使用的技术称为"GPGPU"（General-Purpose Computing on Graphics Processing Units）。

为了开发上述技术，NVIDIA公司开发了基于C语言的集成开发环境，这个集成开发环境称为"CUDA"。将这个词汇中的"cu"和适用于矩阵和向量的基本计算函数处理的"BLAS"（Basic Linear Algebra Subprograms，基本线性代数子程序）组合起来就是"cuBLAS"，深度神经网络（DNN）用的开发环境命名为"cuDNN"。

借助这些开发环境或库，开发人员不需在大多数平台和大多数处理中编写GPU代码就可以开发深度学习系统。换句话说，通过开发工具环境的整备，深度学习的实际应用正在业务和系统环境中不断加速。

5.6　依靠使用CPU的AI高速化技术卷土重来的Intel公司

说到CPU领导者当属美国英特尔公司。"**インテル入ってる**"（译者注：这是英特尔公司在日本的广告词，英语可以表达为"Intel Inside"）的广告词大家很熟悉，除了Windows PC和Mac之外，许多服务器也采用并搭载了英特尔公司的CPU。NVIDIA公司使用不同于CPU的GPU，试图缩短深度学习等的机器学习所需的计算时间，在此过程中，英特尔公司也毫不示弱。

由于CPU占绝大多数，英特尔公司预测，虽然截至2016年只约有10%的AI系统在云平台上运行，但未来将会呈爆炸式增长。英特尔公司想通过引入一个适用于AI机器学习处理的多核CPU来引领AI市场，这种多核CPU称为多核处理器（Many Core Processer）。"Xeon Phi"（64 ~ 72核）就是作为产品供应的这种多核处理器（开发代码名称：Knights Mill）。

这个构想最明显的优点是可以在基本不改变传统软件的情况下使得AI相关处理高速化。将AI演算处理分发给GPU时，必须进行代码的更改和测试。但是，如果替换为CPU速度快的计算机，则可以避免这些更改，因为据英特尔公司评估，截至2016年，97%的AI相关软件正运行在CPU上。

而且，在速度方面英特尔公司计划在未来三年内将深度学习模型的训练时间缩短至GPU解决方案的1%。2016年8月，英特尔公司收购了Nervana公司（这是一个迅速成长的创新企业，从事最优深度学习的软件和硬件开发），并于2016年11月发布了AI平台"Intel Nervana"。使系统实现最大性价比的工具和机制称为工作负载（Work Load）。基于AI的数据中心中大约97%的服务器已经在使用Nervana的技术了。由于现有的CPU系统并未针对AI领域进行优化，通过使用Intel Nervana对其进行最优化（调优），估计性能可以提升几十倍，并且通过引入多核技术，相信现有的程序也可以实现足够的高速。

2017年上半年，英特尔公司不断重复对统合了该技术的英特尔平台"Lake Crest"（开发代号）进行实证测试，该测试实施以缩短神经网络的机器学习时间为目的的调优工作。这项技术将实现"未来3年深度学习领域的性能将提高100倍"的目标。

此外，英特尔公司还于2016年9月收购了Movidius公司，该公司是从事用于自动驾驶等图像处理的计算机视觉处理器研发工作。计算机视觉处理器技术实现了在自动驾驶和机器人等嵌入式系统中进行深度学习或运用AI系统的机制。

CPU + FPGA 的性能

美国英特尔公司收购了FPGA领域的大企业Altera公司，并提供通过CPU + FPGA的组合来加速深度学习等神经网络计算的选项。FPGA是现场可编程门阵列（Field-Programmable Gate Array）的缩写，其特点是可灵活自由地重写电路。其优点有，可大幅缩短开发周期，即使在引入之后也可更新（可维护性好），可扩展性高等。英特尔公司在提供用于在FPGA中实现机器学习系统的"深度学习加速器FPGA IP"（知识产权）的同时，通过提供用于FPGA的Caffe、Theano、Torch、TensorFlow等框架，正在强力推进相关产品的开发。此外，FPGA具有能够实现节能的优势，还具有将所有处理数据保存在片内存储器中并执行临时计算的特点。

　　该公司发布的演示图像中，介绍了使用FPGA（Arria 10）的情况下，进行图像识别的深度学习时每秒可处理510张图像，功耗为25 ～ 35W。使用Xeon E5 1660、6核、无FPGA 的CPU处理相同数据时需要10倍的时间（图5-26）。

　　除了英特尔公司之外，谷歌公司也宣布2016年开发自己的深度学习专用处理器"Tensor Processing Unit"（TPU）。不知道GPU、CPU、CPU+FGPA，还有TPU中的哪一个将成为下一代AI计算的主流处理器，其未来发展的动向和趋势是值得我们关注的。

从图可以看出，基于FPGA的处理
比基于CPU的处理性能有约10倍的提高

图5-26　左半部分是CPU + FPGA（Arria 10）情况下的测试画面（测试中的图像不断更替）。正在执行的图像处理速度是每秒513张，功耗为249W。右边是仅有CPU的测试画面，每秒处理51张图像，估计功耗为130W。参展商：Intel https://www.altera.co.jp/solutions/technology/machine-learning/ overview.html

第**6**章

实际应用中的人工智能

6.1　呼叫中心和客户接待中的应用

如前所述，目前的人工智能相关技术和传统的计算机系统相比较，可以说各方面能力都更强，包括图像分析和区分、语音分析、人和物体的识别和辨别、数据挖掘（从大数据中发现倾向和特征）等。这些领域精度提高的原因在于，计算机本身从大量的信息中去发现进行分析和区分模式的机器学习已经产生了效果。随着分析和识别能力的提高，基于这些算法和函数，提高发现和预测准确性的方法也被陆续创造出来。

在本章中，我们将介绍、说明各种各样的应用实例和正在开发中的技术。通过本章的介绍大家可以了解到，前面章节介绍的这些技术和功能如何在现实社会中得到应用，或许有些技术在大家日常工作中就可以使用，通过本章也会有一个更具体的概念。

❮ 使用人工智能和机器人接待客户 ❯

日本大型银行在引进最新技术方面非常积极。东京三菱UFJ银行、瑞穗银行、三井住友银行从早期阶段就积极推进导入IBM沃森。东京三菱UFJ银行和瑞穗银行也宣布，将积极开发机器人和沃森相结合的客户接待服务系统。

瑞穗银行的相关举措在前面已经介绍过，东京三菱UFJ银行也向公众发布了在服务窗口设置与沃森联动的机器人"Nao"和"Pepper"进行运营的概念视频"基于沃森和机器人的未来客户接待"。关于客户接待与瑞穗银行的很相似，这里我们详细介绍两点，一点是和沃森的联动具体能做些什么，另一点是一个有趣的主题"人与机器人的协同工作"。

❮ 将来由沃森和机器人来进行的客户接待 ❯

一位客户来到银行，在接待处等候的小型人形机器人"Nao"通过人感传感器检测到有人进店，通过人脸的识别功能判定出该客户是谁，进而获取该客户的姓名、个人资料以及该客户使用的语言信息。

"××先生/小姐，欢迎您"，如果客户使用英语，Nao会在叫了客户的名字之后用英语向客户打招呼。当客户询问说："听说免税的投资很流行……"时，Nao会连接到沃森。沃森会分析自然语言的对话内容，理解客户想要的信息是关于"NISA"之后，会给Nao发出指令。收到指令后Nao会说："您想知道的是关于NISA的信息吧，那个窗口会处理这项业务。"并引导客户向负责这项业务的Pepper的方向走去。同时，Nao将自己拥有的客户个人信息以及和客户互动过程中得到的信息发送给Pepper。

当客户来到等待中的Pepper面前，客户问："NISA和泰国的信托投资有什么不同？"和Nao一样，Pepper也是通过与沃森进行连接，将客户的问题向沃森进行咨询，然后将沃森返回来的答案回答给客户说："泰国信托投资对涨价部分收益是免税的，但普通分配金是按照金额征税的。"如果客户告诉它很想了解更多有关NISA的信息但没有时间时，Pepper会将客户使用NISA时的资产利用模拟的图表发送到客户的智能手机上（图6-1）。

这是设想中的未来场景，需要一段时间才能真正实现。然而，由于它当中包含的一些技术已经是可能实现的技术，因此它绝不是无稽之谈，随着对话的准确性和机器学习精度的提高，最终是很可能实现的。

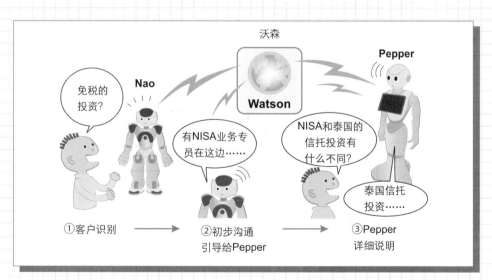

图6-1　由沃森和机器人进行的客户接待。①在银行的接待处，Nao识别客户脸部来并判定客户是谁；②倾听客户的需求（支持多语言），并与沃森联动进行初步沟通，而后引导给Pepper；客户向Pepper走去；③Pepper受理客户详细询问，并向沃森咨询后给客户回答，将信息发送至客户的智能手机上

人与机器人的协同工作

在机器人和人工智能行业中，"协同工作"这个词成为一个关键词。在上面的事例中，Pepper和Nao两个不同的机器人相互合作，一起"协同工作"。协同工作对人和机器人之间也适用。工业机器人（机器臂）可以比人更准确、更快速地完成细致的工作或既定程序的工作。然而，由于迄今为止机器臂比较危险，所以它只能用在特定工厂的安全围栏中。这一点将发生巨大的变化。随着传感器和机器人身体结构的发展，以及随之而来的法律和法规的放宽等，使用没有安全围栏的工业机器人也成为可能了。预计在不久的将来，人和机器人就能并肩工作了。

在2017年2月举办的Pepper World活动上，进行了这样的演示：沟通机器人Pepper与到场人员进行对话并接受订单，Pepper旁边的川崎重工公司生产的工业双臂标量机器人贴智能手机液晶薄膜。智能手机液晶薄膜要贴好对于人来说都是一项艰巨的任务，Pepper更加做不到，然而，对于工业机器人来说这却是拿手好戏。但是，工业机器人不擅长和人进行对话。人擅长的地方和机器人擅长的地方进行协同工作，机器人间相互联系，各自在擅长的领域协同工作……机器人能否成为解决人员短缺问题的机器，事实上取决于"协同工作"的程度（图6-2）。

图6-2　Pepper进行客户接待，工业机器人"duAro"贴智能手机液晶薄膜（Pepper World活动中的演示）

三井住友银行宣布，2016年10月起在所有呼叫中心开始使用IBM的"Watson Explorer"。Watson Explorer是沃森家族成员之一，用户自己能检索并理解从大量非结构化数据（为人使用而积累的数据）中推导出的见解，并做出更好的决策。换句话说，它是一个能够从庞大的信息中发现并提示所需要信息的系统。

呼叫中心导入机器人，三井住友银行从2014年开始着手推进该项工作，在日本银行中是最早的。识别客户和接线生之间的对话内容（包括客户的咨询内容和接线生的询问内容）的语音识别系统"AmiVoice"（Advanced Media公司），实时将对话内容进行文字化，并通过沃森在业务手册和Q&A集的数据库中进行查询，给出针对问题的最合适答案并提示给接线生，接线生参考沃森给出的回答内容，结合自己的经验和学习知识来回答客户，以便提高应对准确性（图6-3）。这项努力得到了业界的好评，该银行于2016年7月在由公益社团法人企业信息协会主办的"客户支持表彰制度"表彰中获得了客户支持IT奖的特别奖。

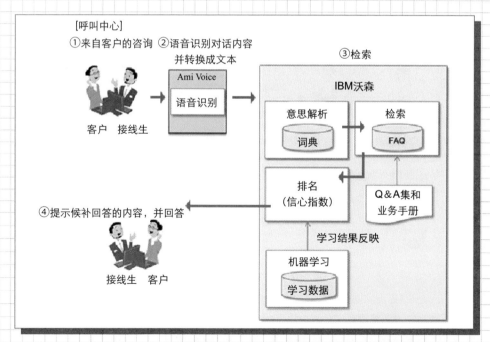

图6-3 "AmiVoice"将客户和接线生的对话转换为文字，并将其传送到沃森，沃森从文字信息理解对话的内容，并向接线生提示合适的答案内容

2017年2月，为了进一步扩大系统的应用范围，三井住友银行宣布开始将其用于本行内部营业部门向总行的查询业务中。沃森还用于日本国内授信业务相关的行内查询业务，以及法人客户的各种查询的应对及引导业务。

而且，据说在个人客户服务方面，行内查询、应答业务中也导入了该系统，在来自欧美等国外网点的授信相关业务（用英语进行的查询业务）中的使用也正在扩大。特别是欧美等国外网点向日本总行的查询业务中，以前因为有时差一直存在从查询开始到获得结果需要花费大量时间的问题，但通过导入该系统，沃森可以24h不间断地迅速提供回答服务，这个问题得到解决（图6-4）。

包括前一章中介绍的瑞穗银行的事例，日本三大银行，都在试图使用人工智能（认知）技术和机器人来改善业务效率。随着开发的不断推进，已经初现成果，相应的业务也正在扩大。另外，银行也在积极导入人工智能聊天机器人。

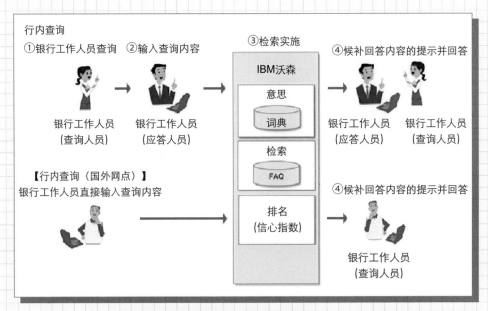

图6-4　沃森能回答并按照排名显示银行工作人员问题的答案，也可以及时回答来自国外网点的问题。对于员工和销售人员越多的组织导入沃森的价值越大（摘自三井住友银行主页，编辑部门进行部分修改）

6.2 人工智能聊天机器人

在介绍IBM沃森的章节中介绍过，希望通过在"聊天机器人"中引入人工智能构建自动响应机制的企业数量在急速增加。聊天服务本身称为聊天"平台"。例如，日本流行的聊天平台之一是"LINE"，日本之外的国家SnapChat很受欢迎，在日本除了LINE之外，Facebook公司的"Messenger""Slack"等也很知名。

〈 Facebook M 将成为顾问 〉

Facebook公司内部利用人工智能技术开发了一款聊天机器人"M"，由于它与iPhone的"Siri"、谷歌的"OK Google"（Google Now）、微软的"Cortana"等的使用方法非常相似而被分类为私人助理。

某种意思上这是一个非常易懂的例子。也就是说，因为Siri和OK Google不作为平台提供给企业用户，Messenger虽是一个聊天平台，但如果聊天对象指定为"M"这样的聊天机器人的话，"M"自然也就变成了私人助理（图6-5）。

从用户角度来说，Siri和OK Google虽然能从网络上搜索信息，但它们并不了解关于特定制造商及其产品的详细信息。因此，人们更加能感觉到提供制造商和各种各样服务的聊天机器人的价值，例如，咨询鞋子，聊天机器人能回答关于鞋子的任何信息，或者聊天机器人能告知今年可能流行的衬衫和泳衣的设计款式。

运营在线商店的则会有相反的烦恼。虽然想提供诸如详细的商品说明、回答客户的问题、告知客户今年流行款式的服务，但投入相应的工作人员和运营管理需要花费大量的成本。

能解决企业和客户之间共同问题的就是聊天机器人。Facebook M考虑的是要从对话的过程中理解客户的需求，或订购披萨和鞋子，或推荐值得推荐的礼品，并且可以马上不费任何周折地购买。

图6-5 Facebook发布的"M"聊天机器人（私人助理）示例。图为作为出生庆祝礼物推荐鞋子的画面。如果喜欢它，也可以进行购买

在Facebook发布的一个例子中，"朋友夫妇生孩子了，买个什么礼物好呢？朋友家好像有很多衣服和玩具……"，当M被用自然语言这么问道时，M建议说："那么鞋子怎么样？"，然后向用户提示一张鞋子的图片。在图片的下面有一个"购买"按钮，按下"购买"按钮就可轻松进行鞋子的订购了。

这是一个平台（Facebook bot）和人工智能（Facebook M）都由Facebook提供的例子。作为一个平台，"Facebook bot"将提供给公司。

◀ LINE客户连接（LINE Customer Connect）服务 ▶

另外，LINE提供了平台，发布了和企业系统联动的"LINE业务连接"（LINE Business Connect），也发布了通过与人工智能问答系统联动实现聊天机器人服务的"LINE Message API（Chatbot API）"和"LINE客户连接"。

"LINE客户连接"（LINE Customer Connect）是驱动聊天机器人来实现利用"LINE"的客户支持的服务（图6-6）。

通过导入该服务，企业可以使用LINE响应来自其Web网站或LINE账户的咨询。对于聊天机器人来说难以回答的内容将转到客户中心进行

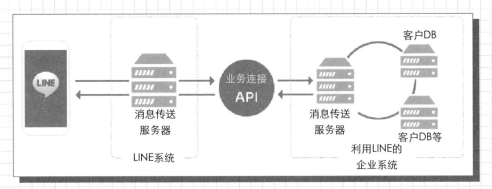

图6-6 提供API并将LINE和外部的"LINE业务连接"（LINE Business Connect）。作为客户服务可以和人工智能聊天机器人联动的是"LINEk客户连接"（LINE Customer Connect）

人工应对。在初期阶段或者一次性处理中，通过人工智能自动响应并进行应答，可以提高客户支持业务的效率和自动化程度（图6-7）。

⟨ **应用于FAQ** ⟩

人工智能系统也可以是基于FAQ进行机器学习的系统，通过积累无法满足客户需要的问题，并随时通过机器学习或人工更新FAQ来不断提高解决问题的比例（人工智能的学习和培养）。另外，通过在公司的网站等系统上面设置导航到LINE的按钮，这样就可能实现Web和LINE账户相互联动进行咨询问题的处理。

ASKUL公司2016年11月宣布首次导入该系统。ASKUL公司面向消费者运营互联网邮购销售服务"LOHACO"，提供利用"LINE客户连接"（LINE Customer Connect），由人工智能系统自动响应客户咨询的聊天形式的客户支持服务，该项服务也于同月21日开始了，服务名称为"Manami先生"（图6-8）。机器学习是采用深度学习的方法，以深度学习为主的学习系统开发利用了PKSHA Technology公司（译者注：日本一家技术公司，公司主页：https://pkshatech.com/ja/）开发的技术，通过对用户支持的运营、系统间联动的强化、机器学习数据加强等手段，建立了与KDDI Evolva公司（译者注：KDDI集团公司子公司，公司主页：https://www.k-evolva.com/）的合作体制。

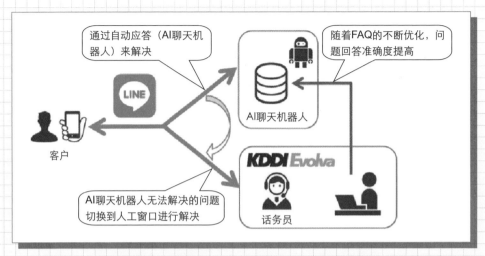

图6-7　LINE受理客户提出的问题，并进行处理，如果问题内容很复杂，则切换到支持中心进行人工处理

图6-8　ASKUL公司LOHACO服务中提供客户支持服务的"Manami先生"的示意画面。在LINE系统的基础上支持聊天机器人

除此之外，东京三菱UFJ银行的LINE账户已经开始运营使用沃森的聊天机器人。该行发表公告称"在三菱东京UFJ银行的LINE公众号上提供的'问答服务'的答案搜索处理逻辑中，使用了IBM沃森日文版API，即使来自客户的问题是个模棱两可、模糊不清的问题，它也能理解提问者的意图，这样它能做出更准确的回答。"

像这样，在企业支持体制中导入使用人工智能聊天机器人系统的时代必将来临，为了提高其使用频度，相信企业在导入这样的系统时会尽可能选择已经普及的平台。

此外，技术上这些内容可以嵌入公司网页和智能手机应用程序中去，详细请参考4.11节介绍的内容。

6.3 开始活跃于医疗现场的人工智能

2016年11月，日本首相在未来投资会议中表示，愿意最大限度地利用大数据和人工智能，推进疾病预防、医疗保健、远程诊断，以实现高质量医疗服务。医疗行业中使用人工智能的热潮在全球范围内日益高涨。

〈 人工智能检查MRI图像并发现异常 〉

从容易理解的方面说起，首先应该提到的就是通过利用人工智能的图像识别能力从MRI和CT图像中发现疾病，如心脏病。2014年日本人死亡的第一大原因是癌症，死亡人数37万，第二位则是心血管病，死亡人数19万。心血管病是一种容易导致突然死亡的危险疾病。但是，据说专业的能看懂MRI心脏图像的医生人数严重不足，特别是在农村地区很少有医生能够诊断，因此人们常将MRI图像发送给专家以寻求诊断，这样就导致了这种影像图片的诊断工作集中在特定的医生身上。这时可以考虑通过人工智能的支持来解决这一问题。在心脏病权威医生或专业医生的监督下接受机器学习的人工智能进行第一次图像诊断以发现异常情况。当然，对所有影像图片进行最终诊断的还是专业医生，但人工智能可以迅速地察觉那些紧急的异常，或帮助医生发现那些经常容易被医生忽视的异常情况。通过结合性别、年龄、验血信息等，据说人工智能可以作出精确度较高的诊断。

‹ 从庞大的数据中提取答案 ›

在第4章中已经介绍过，对日益增多的新的医学论文、理论、书籍等，单个的人不可能将这些资料全部看完，但是人工智能可以做到这一点。从大量的数据中提取相关信息是计算机所擅长的，这一点应该没有人会有异议。问题在于，计算机能否理解和整理那些用人类自然语言撰写的论文和资料这些"非结构化数据"。IBM沃森的成就是第一次挑战了该问题，使得无论是针对结构化数据还是非结构化数据，它的挑战成果都已经开始显现了。

东京大学医科学研究所正在研发利用沃森进行"癌症基因分析"，寻找导致癌症发病的基因突变原因，并提出最优治疗方案建议的系统。另外，藤田保健卫生大学也着手构建利用沃森寻找糖尿病等生活习惯相关疾病的病因并给出相应治疗方案的系统。

沃森并不是医学领域中导入和使用的唯一研究对象。

日本自治医科大学的"JMU综合诊疗支援系统"中搭载了采用人工智能的双向交互式诊疗支援系统"White Jack"。White Jack是针对问诊患者通过触摸面板进行回答，系统会给出可能疾病并按照疾病患病率进行排序，同时提示患者发现这种疾病的详细检查方法和处方信息。系统与自治医科大学的数据中心合作，运用临床推理从庞大的医疗信息中全面分析和提示可能的疾病。在综合医院的接待处等地方，通过对患者应该就诊的最优科室进行精确搜索以使患者尽早得到准确的诊疗，也可以减少医生的误诊和疏漏。

除了正在接受其治疗的责任医生外，寻求另一位医生的第二意见的情况也很多，以寻求"是不是因为另一种疾病而引起的呢？""有没有更有效的治疗方法？"等见解的共享。还有一些情况需要进一步向人工智能系统寻求第三意见。人工智能对体温、脉搏、血压、血糖水平等血液状况，排尿的次数等大量而详细的患者信息数据进行分析，从最新的医疗文献中查找诊断提示。

然而，日本医疗领域的问题在于，没有可以公开使用的积累了医疗、医药方面的论文和文献的大型数据库。有人担心，如果没有对人工智能系统的机器学习和预测来说非常重要的大量数据积累和数据库实时更新机制，人工智能系统的准确诊断就不太可能实现。

由机器人进行的问诊

"我是进行问诊的 Pepper，请尽你所能回答我哦！"

诊疗室门口等候着的机器人"Pepper"检测到有来医院就诊的孩子时这样和他们打招呼，孩子们针对 Pepper 提出的问题通过操作平板电脑一个一个地回答。

在神奈川县藤泽市的"爱爱耳鼻喉科医院"，导入了由 Chantilly 公司开发的"机器人交互问诊系统"并进行了实地验证试验。在首次诊断时，由 Pepper 进行问诊并自动将结果通知给预约系统和电子病历系统。它不仅仅是一个将问诊单数字化的系统，在问诊过程中如果从患者的回答中判断为紧急性高或者感染可能性很强的时候，该系统会向工作人员和医生发送通知，并用弹出画面等方式引起工作人员和医生注意。例如，根据问诊的情况，工作人员或医生的电脑上会弹出诸如"体温超过39℃""有恶心，有疑似心肌梗死症状"之类的提示，这样可以抑制院内感染，或者进行紧急病人优先诊疗的伤检分类（图6-9）。

在冲绳德洲会湘南厚木医院也在导入机器人问诊方面做出了努力，并公布了其导入效果。冲绳德洲会湘南厚木医院为了促进对"睡眠呼吸暂停综合征（SAS）"的发现导入了机器人问诊系统，其结果是接受问诊的人员大增。SAS是一种在睡眠时呼吸停止的疾病，因为无法得到深度睡眠，患者在白天昏昏欲睡，或者注意力不集中。对于驾驶员，有可能影响驾驶，甚至有可能导致严重事故。此外，由于睡眠呼吸停止，在患有严重的阻塞型睡眠呼吸暂停低通气综合征（OSAS）的情况下，人就有可能发生无知觉地死亡的情况（图6-10、图6-11）。

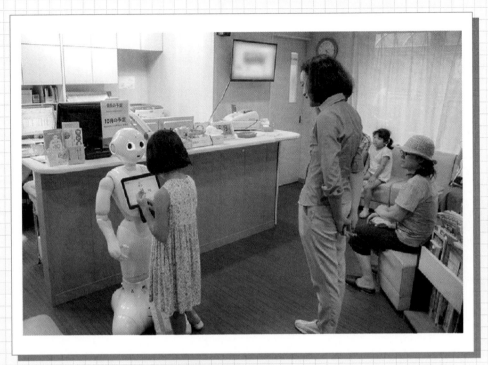

图6-9　担负重症病人优先的伤检分类和抑制院内感染的"机器人交互问诊系统"（由 Chantilly 公司开发，在爱爱耳鼻喉科医院实施）

　　这问题在于，在睡眠时呼吸停止，本人很难意识到症状的发生。

　　该医院曾经通过海报呼唤人们对 SAS 进行检查，但没有人前来接受检查。因此，在医院大厅进行了为期一周的实地验证试验，让 Pepper 在医院大厅进行呼叫式宣传，以健康检查的名义进行问诊调查，趁这个时候告知大家有一种叫作 SAS 的疾病。问诊由六个简单的问题构成，诊断结果会通过与其联机的打印机打印出来。这时候，对那些被判断为有 SAS 嫌疑的人建议其接受医生的诊断。

　　由于导入 Pepper 进行呼叫式宣传，获得了良好的效果。首先实现了对 SAS 这种病存在的宣传作用，其次有 54% 的人回答"今后愿意接受 SAS 的诊断"，实际上还有 5 名患者在 2 周内预约了相关检查。另外，在综合征比较多发的 30～60 岁的男性中使用问诊 Pepper 比例大增也是这次试验的一个很大的成果。

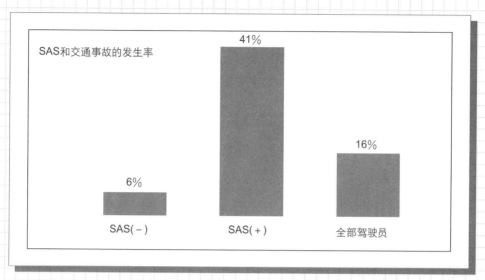

图6-10　SAS和交通事故发生率（来源：呼吸暂停实验室http://mukokyu-lab.jp/ factsheet/ factsheet3.html）

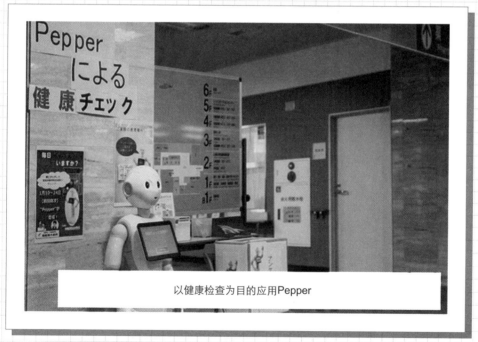

图6-11　冲绳德洲会湘南厚木医院导入的Pepper进行SAS的问诊（来自Pepper World 2017活动中冲绳德洲会湘南厚木医院演示幻灯片）

　　人们也认为今后这些机器人将成为人工智能系统与医生和患者之间的接口，期待它能成为解决诸如医务人员缺乏、农村和偏远地区等医疗设施短缺、远程诊断和治疗进一步扩大等问题的工具。

6.4　披头士风格作曲人工智能

　　索尼计算机科学研究所（索尼CSL）在法国巴黎的基地已经在YouTube上发布了披头士风格的新歌。

　　这首歌的名字是"爸爸的车"（Daddy's Car），有消息称这首歌的作曲不是由人完成的，而是由人工智能"Flow Machines"来完成的，这一下子吸引了全世界的目光。这首歌是否能"让人联想起甲壳虫乐队"，亲耳听一下是最好的办法（图6-12）。

　　人可能参与了歌曲形成之前的过程。人通过操作和人工智能交互的音乐工具"Flow Machines"，让人工智能进行作曲，人承担编曲和作词的工作。

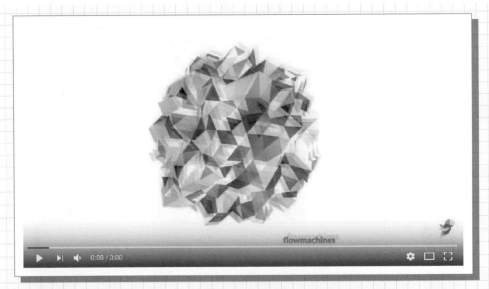

图6-12　Daddy's Car : a song composed by Artificial Intelligence - in the style of the Beatles, Sony CSL-Paris - YouTube https://www.youtube.com/watch?v=LSHZ_b05W7o & feature=youtu.be

那么，人工智能是如何完成作曲工作的呢？人工智能作曲又意味着什么呢？索尼CSL所长北野宏明（Hiroaki Kitano）先生（图6-13）在2017年2月美国奇点大学（Singularity University）主办的"日本全球影响挑战"（Japan Global Impact Challenge）活动上做主旨演讲时介绍如下。

首先，开始时将大约14000首乐谱（包含旋律与和弦）加载到人工智能中并进行机器学习，人工智能学习到人类作曲的音乐的乐动规律、模式和基本风格。

进而，选择了45首甲壳虫乐队的乐曲让人工智能学习"披头士"风格，这样人工智能在基本学会人类喜欢的音乐风格的基础上，又学习了甲壳虫乐队的风格。

在人类作曲家对和弦进展等框架进行设计的基础上，让人工智能进行披头士风格的作曲，再交互式地选取其中最好部分进行编曲、混音，完成作曲，然后填上歌词就完成了"爸爸的车"（Daddy's Car）这首歌。在这个过程中，需要多大程度的人类指令干预，或者是否完全交给人工智能，这取决于使用"Flow Machines"的作曲家的意图。

那么，由人工智能作曲的披头士风格乐曲的诞生又意味着什么呢？

有一个空间人们可以听到音乐，在这个空间中有一部分歌曲听起来感觉是披头士风格。实际上，甲壳虫乐队也说，他们仅仅发布了感觉像披头士风格空间中极小部分空间的歌曲（图6-14）。

"Flow Machines"虽然学习了45首披头士风格的歌曲，"爸爸的汽车"（Daddy's Car）完全不是由这些曲子片段复制和粘贴而来，而是

图6-13　索尼计算机科学研究所总裁兼CEO 北野宏明先生
兼任特定非营利组织System Biology研究机构会长，冲绳科学技术大学院大学教授，Robocup国际委员会创始主席等

一首很明显的由灵感而诞生的歌曲。

也就是说，"Flow Machines" 是从听起来有披头士感觉的空间中，找到甲壳虫乐队并没有发现的披头士风格的乐曲，进而完成作曲的。

使用这种技术，人工智能可以创作各种各样风格的音乐。事实上，人工智能已经创作了大约有 10 首歌曲了，只演奏人工智能创作的乐曲的音乐会也已经开过了。

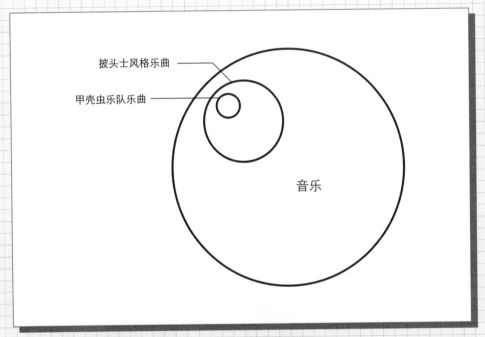

图6-14 在"音乐"空间中有一个"披头士风格"的空间，"披头士风格"空间中的一部分是甲壳虫自己作曲的乐曲集

人工智能已经进入了音乐这样的艺术领域，或许不久我们就不会再听到"机器不能理解艺术"这样的声音了，而且这还可能有更大的意义。

若把音乐当作一个假说，那么在这个庞大的假说世界中，人类可以发现的假说或许只是其中极少的一部分。和学习了作曲风格的人工智能作曲一样，人工智能发现了许多假说，而验证这些假说或许将成为人类的工作。通过这样的人和人工智能的团队合作，人类将进入一个新发现和真理诞生时代。

6.5　理解情感的人工智能

　　软银公司（软银机器人技术公司）的"Pepper"是作为能理解对方情感而且自己也有情感的世界上第一台情感机器人发布的，有时候也会介绍Pepper是搭载了人工智能的机器人，但实际上Pepper本身（机器人内部）并没有搭载任何人工智能相关技术。Pepper是采用这样一种机制进行工作的，即通过搭载了称为"云AI"的人工智能服务器积累Pepper收集来的大数据，分析并学习这些大数据，然后Pepper通过连接互联网和人工智能服务器进行联动，这样Pepper就可以理解人的情绪，从而变得更智能（图6-15）。

　　每个个体人的经验要作为真实体验在多个人之间进行分享是很困难的，但是云AI的情况下，通过信息共享会积累集体智慧从而知识和见解会得到爆炸性增长（即变得更智能）。

　　那么，机器人是如何理解对方的情绪，机器人本身又如何具有情感呢？让我们来解释一下大家关注的机器人工作机制。

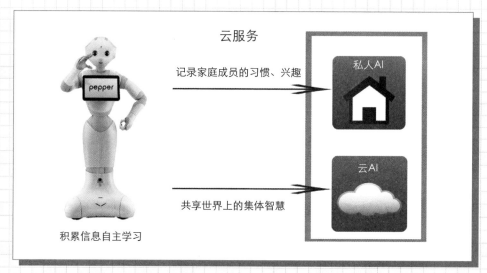

图6-15　Pepper获得的信息被发送到云端，并由云AI进行分析。个人信息积累并保存在和云AI不同的知识不被共享的私人AI中

与Pepper情感相关的人工智能系统是由软银集团旗下cocoro SB公司开发的。颇有意思的是，实际上cocoro SB公司为了使机器具有情感而做的开发并不是仅限于Pepper使用，他们还发布消息称他们正在与本田技研工业公司（以下称本田公司）和川崎重工公司（以下称川崎公司）合作开发摩托车。

◀ Pepper 的两个情感生成器

Pepper上搭载了两个情感生成器，即是读取对方情绪的"情感识别器"，和让机器人具有像人一样的情感的"情感生成器"，两者都是以东京大学特聘讲师工学博士光吉俊二（Shunji Mitsuyoshi）的研究成果为基础，基于人类大脑最先进研究成果科学地进行情感控制的技术。

"情感识别器"以声音的语调为中心进行分析。简单地说，就是分析对方平常的声音，将标准情绪时的语调进行数值化，并将其作为数据存储起来。如果比这个人的平常语调低的话表示情绪消沉，高的话可以判断他的情绪比较开朗。光吉教授的研究认为，通过分析声音的语调在未来将有可能对疾病进行诊断，这一研究正在推进中（图6-16）。

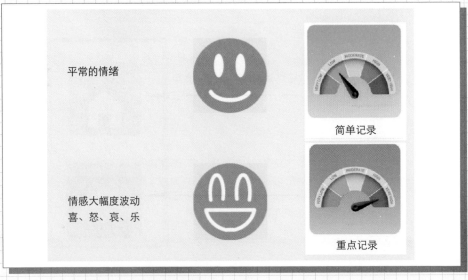

图6-16　简单地记录平常时的声音语调，声音语调发生大的变化时作为情感的大变动重点进行记录，从而分析喜、怒、哀、乐

　　除了分析声音的语调之外，Pepper的摄像头拍摄的脸部表情和对方说话的语言也被用于分析。例如，当识别到失望的面部表情或"不行吧""无聊"等词汇时，可以判断对方处在负面状态（愤怒、悲伤、失望）中，当识别到嘴角略微上升或者露出白色牙齿的微笑的面部表情或"厉害啊"等词汇的时候，则可以判断对方处在一种积极的状态（高兴、快乐等）之中。

　　这项技术对于要成为家庭成员的机器人来说是非常重要的，在工作场所也是可以灵活使用的一项功能。由于在商业场所工作的"Pepper for Biz"具有分析和记录对方情绪的功能，因此当Pepper进行产品说明时可以记录当时客户的反应。企业的相关负责人可以参考这个记录的结果，来为客户定制其容易接受的展示或产品介绍等。

　　"情感生成器"稍微有点复杂。人类的情感是通过大脑分泌的激素而产生的，比如，大脑内分泌出唤醒欲望的激素时人就会变得干劲十足，大脑内分泌出让人情绪低落的激素时人就会变得郁郁寡欢，或者人就会感觉到身体沉重。

　　光吉教授在这里面，创建了分泌激素和情感种类或生理反应之间的"情感矩阵"，还创建了将随着激素增减而发生的诸如"兴奋""变得不安""好斗""感到恐怖"等情感模型化的"情感地图"（图6-17）。

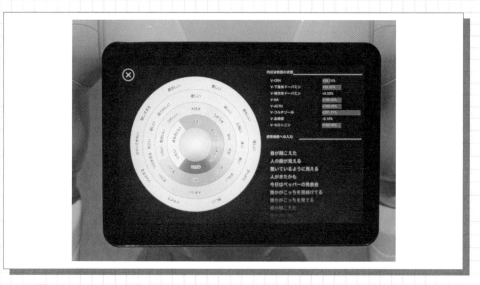

图6-17　Pepper的情感地图，目前Pepper的情绪如何可以通过平板电脑进行确认

把上述原理变成机器人能用并搭载的就是"情感地图"。据说Pepper
释放出类似激素并数值化，这种平衡能够制造出超过100种的情感（现在
还在研究阶段，目前仅搭载在普通销售模式的Pepper中，应用程序和系
统等当中没有反映出来）。

可视化赛道上行驶的摩托车的情感（本田公司）

2016年7月，在由软银公司主办的"SoftBank World 2016"活
动中，本田技研工业公司F1专任高级执行总裁、本田技术研究所总裁兼
CEO松本宜之先生登台，发布了使用人工智能技术"情感生成器"进行联
合研究的消息。

软银公司与本田公司之间的联合研究，简而言之，就是"对话型汽车
开发研究"，其目标是希望通过利用与驾驶员交谈的对话声音和来自汽车的
各种传感器、摄像头等的信息，能实现在推测驾驶员情绪的同时，汽车自
身可以与驾驶员进行情感交流。这样的结果是，驾驶员逐渐把汽车当作如
自己朋友或伙伴那样交往的对象的过程中，对汽车的爱恋之情也得以加强。

似乎是为了印证上述想法，在同一个活动中，cocoro SB公司展出了
一款名为"神电"（SHINDEN）的电动比赛摩托车。神电是以本田技术调
优和零部件开发与销售而闻名的株式会社M-TEC（以下简称M-TEC公
司，该公司品牌是"无限"）开发的摩托车，搭载了"情感生成器"，已经
和cocoro SB公司联合进行了实地验证试验（图6-18）。

在展台的显示屏里显示了实地验证试验过程中的影像和情感地图的图
形，我们可以看到摩托车在赛道高速行驶的动画视频，也可以看出摩托车
自身的情感在动荡（图6-19）。

该公司对Pepper赋予了情感，他们表示正在研究，不仅仅是给机器
人，也给其他各种各样的电子设备都赋予情绪，将会产生什么样的沟通。
"能给摩托车赋予情感？这在说什么？"，有这种感觉是很自然的反应。即
使知道了摩托车的情感又能有什么用呢？

然而，这就是cocoro SB公司所说的"要在一切设备上搭载情感"。

那么，神电是带着什么样的情感行驶的呢？

目前该公司弄清楚的是，"比赛摩托车大体上是伴随着精神上的痛苦在行驶的"。在进行试验之前，该公司想象的是"迎着风行驶的摩托车一定感觉很好"等，但据说并非如此。

图6-18　M-TEC公司开发的电动比赛摩托车"神电"。cocoro SB公司在这辆摩托车上搭载了情感生成器

这不是两轮轻松行驶的摩托车，而是一辆比赛摩托车。当发动机高速运转时，发动机的轰鸣声增大，从车速表看，当显示出明显接近极限的高速行驶的数字时，可以想象摩托车也感到紧张。

该公司表示，"现在还不是有可靠证据的阶段。实际上电子设备被人们认为是没有情感的，如果设备具有了情感的话将会如何呢，我们就是抱着这种观点在努力探索之中。从某种意义上说，我们说的是荒诞无稽的话，也不知道目前比赛摩托车和情感生成器之间的联系按照现在的做法是否真的正确。我们是在一个前无古人后无来者的未知世界中进行探索研究，从今往后也要不断地讨论、摸索，循序渐进地推进研究。"

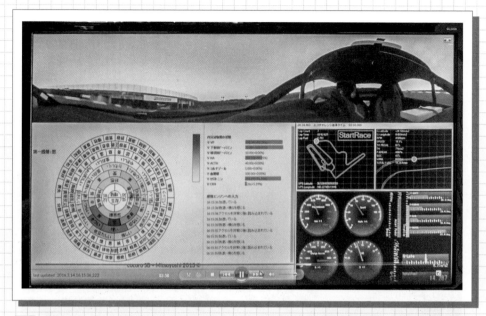

图6-19　显示了驾驶员视线的行驶视频、来自车速表和转速表的信息和不断变化的情感地图。它是对比赛摩托车情绪的可视化展现，是以东京大学光吉教授研究的"情感地图"为基础的技术

与摩托车交流的未来（川崎公司）

　　2016年8月，川崎公司宣布正在与cocoro SB公司共同开发具有人格和情感，并且能和骑手一起成长的摩托车。cocoro SB公司提供使用人工智能的情感生成器技术平台，川崎公司表示将把自己拥有的摩托车、行驶数据、骑行风格相关的大数据导入人工智能系统。宣布这个消息时他们已经着手开发了，具体功能或产品详细内容没有发布，但计划开发图6-20所示的摩托车。

　　同年11月发布了一部概念电影，电影中描绘了未来的摩托车如何与骑手进行沟通，并共同成长的情景。

　　具体来说，首先骑手可以通过输入麦克风等与摩托车通话。从骑手的问候语"你好吗？"开始，行驶起来之后摩托车会提供交通信息和天气预报等信息，"前方弯道请不要速度太快！""交叉路口注意卷入事故！""天气预报有雨谨防打滑！"等，就像和伙伴对话一样给出建议和进行沟通（图6-21）。

图6-20　骑手和摩托车具有智能和情感，利用互联网上的信息实现安全快乐的摩托车
生活。为实现刚强和温柔并存，富有操控乐趣的摩托车，挑战所有可能性的"骑行学"
（RIDEOLOGY）思想的未来情形（来源：川崎公司）

图6-21　摩托车预测拐角并建议如何操作（摘自川崎公司的概念电影）

　　据说根据人工智能的指令，通过先进的电子控制技术可以按照骑手的经验、技巧和骑行风格进行机器设置。

　　骑摩托车的人性别和年龄不同，如男性和女性、年轻人和老年人等，技能和骑行方法也不同，因而骑行风格都不相同，川崎公司已经积累并拥有了骑手经验、技巧、骑行模式等，以及因骑手不同而不同的骑行风格等大数据，使用这些数据据说可以改变摩托车的设置，以便每个骑手都可以得到最佳的行驶状态的摩托车。

　　具体而言，基于人工智能的对先进电子控制技术的控制是其中之一。"牵引力控制"是摩托车起步或转弯时使用的控制技术之一。人工智能分析骑手的技术、行驶模式和骑行风格，通过控制计算机发出提供最佳驱动力的指令。

　　进而，在云上的数据中心积累和车身以及行驶相关的该公司独有的专业知识和互联网上大量数据，并以这些数据为基础，可以向骑手提供适当的信息以及安全安心的建议。

　　在概念电影中，如果骑手喃喃自语："街道上老要踩刹车真烦！"，摩托车会提示说："请放慢一点速度，下一个红绿灯马上要由绿变红！"，进而还会告知说："下一个交叉路口能见度不佳，右侧有车辆冲出！"，这样可以将交通事故防患于未然（图6-22）。

请当心，下一个交叉路口能见度不佳，右侧有车辆冲出！

图6-22 "下一个交叉路口能见度不佳，右侧有车辆冲出"，提示出这样的建议就好像是预知未来一样（来自川崎公司的概念电影）

可能会有很多人认为提示汽车从交叉路口右侧出来等，好像是预测未来一样，几乎是不可能的，但在自动驾驶车辆行驶的环境中，车和前方的汽车，车和交通信号灯等进行通信并交换信息的机制是可以实现的。因此，车与前方交通信号灯的摄像头进行通信，从而事先知道有一辆汽车从右侧进入交叉路口并不是难事。

通过这样的交流，川崎公司正在瞄准让摩托车成为了解骑手个性的真正的"伙伴"。最终目标是"通过在人与摩托车之间反复交流，将摩托车发展成为反映骑手个性的独特的摩托车"。与相信和理解自己、唯独为自己所拥有的摩托车一起行驶将会给骑手带来无穷的乐趣。

根据该公司的宣传，他们表示，"虽然细节尚未确定，但计划从Ninja等旗舰机种进行搭载，并根据客户需求逐步扩展到更广泛阵容的车种中。"

6.6　求职人工智能

我想有很多人认为计算机在统计上对事物的判断似乎优于人类。随着人工智能相关技术的出现，解析、分析和趋势的把握精度进一步得到提高。正如前一节中介绍的，在人类不容易看到的领域人工智能可以看到的话，那么"人工智能可能比其他人更了解自己"也就不足为奇了。

人工智能为适合自己的学习课程提供建议

美国孟菲斯大学（University of Memphis）的人工智能计算机"学位指南针"（Degree Compass）以指导学生职业方向而闻名。

通过机器学习学习了大量学生学业数据的学位指南针对学生所要学习的课程和讲义进行分析，并按照对该生的适合程度进行排序返回这些情况。每个新学年开始的时候，提供给学生适合自己的能够取得学分的课程，学生可以接受人工智能的建议并决定所学课程。

实际上从相关报道中得知这样的结果，如果选择学习一门人工智能推荐的诊断为"适合程度高"的课程，那么该课程能取得学分的可能性是

80％，尽管被人工智能诊断为"适合程度低"，但学生仍强行进行该门课程的学习，学分取得的可能性只有9％。面对这样具体的差异，学生自然会听取人工智能的建议。

作为一种机制，学生的性格、成绩、高中时的成绩、入学考试的成绩、过去的学习记录和成绩的数据都被存储在学位指南针的数据库中。

此外，学位指南针还读取了其他学生过去的大量数据，并对照检查学生的同样的学业相关数据和成绩之间的关系，从而推断出课程的适合程度。

孟菲斯大学有24000名学生在读，有3000多门课程。学生自己无法仔细检查3000门课程的所有内容。因此，在那之前他们不自主地从课程列表中进行选择的情况很多，结果是未取得学分的情况也很多。通过人工智能提供确切的建议，将每个学生和适合他的课程进行了配对。在孟菲斯大学引入该系统后，学生得不到学分的概率大大降低，取得了非常好的成果。

基于人工智能发现自己没有注意到的能力的就业活动应用程序

人工智能也开始应用于学生就业战线。

Institution for a Global Society公司提供的"成长配对"（GROW Matching）服务是一款智能手机应用程序，用于匹配学生和企业的就业衔接（图6-23）。

人工智能技术首先用于发现学生的能力（个人能力测评）。首先，学生向朋友或熟人要求对自己进行评价；接下来，使用国际组织采用的方法对自己的潜在性格进行诊断；最后让人工智能来分析这些信息并展示出学生的能力。据该公司介绍，81％的学生表示他们发现了自己之前没有注意到的能力。

也就是说，人工智能告诉了你自己没有注意到的能力，通过正确评估这些能力，来将你和觉得你是他们想要人才的企业进行匹配。该服务从2016年2月开始，据说截至2017年3月，注册学生人数已经突破25000人。

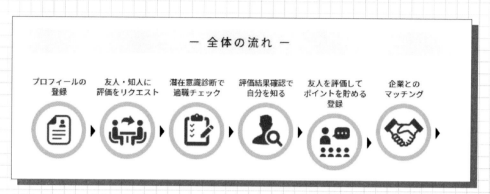

图6-23　"成长配对"（GROW Matching）的匹配流程（来自Institution for a Global Society公司官方网站）

　　此外，Institution for a Global Society公司与朝日新闻进行合作，为学生提供从"掌握现状"到"成长"，进而到"企业与学生之间匹配"的一站式服务，提供日渐成熟的全新就业活动场所。

　　这一流程也正在向跳槽求职服务蔓延，BizReach公司（译者注：BizReach公司是经营日本最大求职网站的公司，该网站主要面向管理者、国际性人才等高级人才）运营的面向20多岁人员的推荐型跳槽求职网站"CareerTrek"（https://www.careertrek.com/），搭载了人工智能提供和企业匹配的人才的"求职者推荐功能"（2016年10月β版）。该功能基于人工智能分析企业选拔活动并提出与招聘岗位相匹配的人员。

　　新搭载了"资料容易合格的招聘信息""相同大学和年龄的人感兴趣的招聘信息"和"基于有经验工种的招聘信息"这样3个招募信息的推荐器，加上25万名该服务会员的经历和期望工种，人工智能还分析对每个招聘信息"感兴趣与否"的判断以及招聘信息查看情况等使用趋势，并向用户推荐符合用户求职意向的求职信息。

　　创立于美国加利福尼亚州的MeryeSelf公司，提供跳槽求职配对服务，该服务名为"mitsucari"，其使用了基于价值观的匹配方式，以便求职人员和企业之间能得到高度匹配。

　　希望跳槽的人员和潜在的跳槽人员需要回答"mitsucari"提出的所有48个适合程度测试的问题。企业方也要接受和求职者相同的测试并回答相同的问题，人工智能会分析企业和每位员工的答案，如果能够找到希望跳槽人员和企业间的共同要素，那么说明两者之间的价值观相似，可以匹配。

像这样利用人工智能进行分析与匹配也正在向"婚介服务"中扩展并逐步得到应用。

6.7 撰写小说或新闻的人工智能

《 人工智能写"星新一"风格的小小说？ 》

日本公立函馆未来大学的名为"随心所欲人工智能工程——我是作家"的创作室（图6-24），向日本经济新闻社主办的"星新一"送交了两篇参赛作品，这两篇参赛作品都是人工智能写的小说，其中一篇已经通过初审。当这样的新闻流传开来时，人工智能写小说的时代将要到来吗？这条新闻引起了很多人的关注。

这个工程是以公立函馆未来大学的松原仁（Hitoshi Matsubara）教授为中心于2012年9月开始的，该工程旨在通过分析所有"星新一"的小小说，进而让人工智能创作有趣的小小说。已经有由人和人工智能共同撰写的短篇小说发表了，两篇"星新一"参赛作品，《计算机写小说的日子》和《我的工作》也在网站上刊登出来了（2017年3月）。

关于小说取材创作室是这样解释的，"人考虑好整篇小说的梗概，人工智能进行第一次成篇，然后人对其进行修改，人工智能的工作量约为整体工作量10%～20%，大半的工作还是由人来完成的"。

实际的研究是这样的，首先人创作"星新一"风格的小说作品，此时人工智能并不参与其中。再将小说进行拆解，并进行重新组合使其恢复原样，以此为基础进行研究。此外，使用称为有限自动机（Automaton）的计算模型对作品的一部分进行加工，有限自动机可以根据外部输入转换内部状态并输出结果。说得更具体一点，在重要的故事情节不被破坏的前提下，由状态的变化带来了一些对话上的变化，但似乎这种方法并不奏效。最终，为了不破坏原来人创作的小说的故事情节和意境，计算机根据人预先设置的规则恢复并输出了小说。恐怕对很多人来说，要让他们感觉到"人工智能创作了一篇小说"，还是有很大的差距吧。

图6-24 公立函馆未来大学"随心所欲人工智能工程——我是作家"（创作室网站 https://www.fun.ac.jp/~kimagure_ai/）

　　总之，人工智能还不具有能写小说这种程度的创作能力，其原因稍后进行介绍。

人工智能已经在写格式化的新闻报道

人工智能"WordSmith"撰写关于新闻和俱乐部的评论

　　若说人工智能不能撰写文章，那当然不是。人工智能撰写文章已经开始实际应用了。美国联合通讯社（简称美联社，英文：The Associated Press，缩写AP）消息宣布，自2014年开始由称为"WordSmith"的人工智能撰写新闻报道。在美联社发布的报道中，消息来源通讯社（电头）为Automated Insights公司（译者注：Automated Insights公司是一家由美联社及其他投资者提供融资的科技公司）的报道都是由人工智能撰写的。在2015年，人工智能自动生成并提供大学体育活动相关的报道。事实上，体育报道主要传达赛事的召开及其结果，这种新闻报道适合使用固定格式，比如什么时候、在哪里、谁和谁对战、结果如何等等。此外，在此基础上加入如比赛的上半场谁领先，下半场谁占优势，或者谁最后成功甩脱对手率先抵达终点等等内容，这样就基本上有了新闻报道的样子。此外，虽然读者也有希望阅读诸如联盟赛（棒球）、超级联赛（足球）、世纪之战等报道的细节和场上人员的具体状态，但对只是有关人员才阅读的新闻报道来说，结果很重要，经过和详细情况并不太被人关注。

Automated Insights公司的CEO评论说："我们的方针是要创建网络浏览量（PV）仅为一次的100万篇新闻报道，而不是网页浏览量（PV）100万次的1篇新闻报道。"

在此背景下，美联社接收NCAA（全美大学体育协会）提供的体育信息，由WordSmith对其进行模式分析，并进行自然语言处理从而生成新闻报道。

另外，WordSmith不仅能够理解文本文章，还能够理解在Excel等软件中创建的表格、图形以及数值列表并生成文章。利用它可以解析有决算报告、表格和图的文章。

WordSmith分析功能旨在，能够像数据科学家、医生等阅读、理解论文和研究数据那样，以人类易于理解的方式说明和解释数值与表格。在Automated Insights公司的演示视频中，列举了在医院作为健康诊断结果接收到仅有数字和图表的数据而感到困惑的患者，在公司作为公司人事考核结果接收到仅有图表的数据而感到困惑的员工，面对申请结婚的男士指着图表说明婚姻生活中存在问题的女性等事例，通过这些事例说明即使拿到一些只有数据或图表的资料，很多人对该资料也是无法理解的。WordSmith也可以作为支援对这种材料的说明和解释的工具来使用（不仅仅美联社导入了该工具，三星、美国雅虎、微软等公司都在导入该工具）。

日本首个全自动人工智能决算摘要

在日本，日本经济新闻社（以下简称日经）也开始在WEB版本上发布由人工智能撰写的新闻报道。人工智能承担的新闻报道首先是公司决算摘要。

在解释这个新闻报道的主页上是如下说明的。

日本经济新闻社正在研究使用人工智能（AI）的新闻报道制作等服务。这次的"决算摘要"是根据上市企业公布的决算数据由AI撰写的文章。当决算数据定时发布网站上后，很快AI总结销售额、利润等数字以及实现这些销售额及利润的背景等并发布新闻报道。根据作为原始数据的公司披露资料，撰写文章，到作为新闻报道发布，整个过程是完全自动化的，人不会参与做任何检查或更正。目前，由AI创建的"决算摘要"定位为测试版，但会不断地提供内容给"日本经济新闻电子版"和"日经电讯"等。

此外，日本经济新闻社还强调，决算数据公布后几分钟就能发布新闻报道，能够应对大多数上市企业（约3600家公司），仅通过人工智能的自动制作，不需人的参与，从决算短信以及过去的日经新闻报道中提取业绩变动主要原因的文本。从技术上讲，它是基于东京证券交易所运营的定时发布网站"TD网"的信息进行分析的，并且与语言理解研究所（ILU）和东京大学松尾研究室进行合作。

此外，日经还开发了专门从事财经工作的人工智能"日经Deep Ocean"，它是一个实时分析日本经济新闻集团的内容、数据，并自动响应财经领域各种的分析请求和问题的引擎。

写小说很困难的原因

人工智能可以写出比赛结果和决算摘要的新闻报道，为什么人工智能不能写小说呢？当然，"在现阶段"这个开场白很重要，另外，重要的还有：是固定格式还是非固定格式？需要多大程度的创作？

本书中也曾介绍过，现在引人注目的深度学习等机器学习和神经网络中，通过大数据分析找出模式，根据它进行的分类、识别和判断的能力与人很接近。比赛结果和决算摘要是有原始数据的，撰写新闻报道只是把这些原始数据根据一定的模式（格式）进行重建，但写小说主要是从零开始思考和创作的过程。假设有一位原创的作家，把那个作家写的文章进行拆解后让作者进行重构，重构后的文章成为给读者留下深刻印象的小说的可能性也几乎为零。

在介绍机器学习机制的章节中说明过重要的是"报酬"。不让人工智能明白做到了什么才能得到评价的话人工智能就没法自主学习。实际上在围棋和象棋中，有比赛的胜负、优势和劣势，"报酬"是明确的。因此，可以说这是一个人工智能学习成果容易产生的领域。写小说是没法踩点得分的，评价也是主观的，所以开发者和研究人员应该细致地设定学习"报酬"。

另外，可能用另外一种方法来说明更合适。如果人工智能是根据人思考的故事进行重构的话，那就是人创作的，而从大数据中去发现才是人工智能的成果。假设从几百万人的交谈中（比如呼叫中心和在线商店的通话声音数据和日志等大数据）分析双方大笑的一段对话或其中的一小段对话，就有可能会发现人类没有注意到的笑话或短语。通过将它们编织成文章而产生的短文就称为人工智能的创作。

6.8　其他应用实例

《 人工智能监视网络并检测异常 》

"现在信息安全世界正在进入一个重大的变革时期，如果不使用人工智能（AI）技术，高度的信息安全将无法实现。"

说这番话的是，Cybereason公司联合创始人兼CEO里奥尔·迪维（Lior Div）先生（图6-25），他是黑客操作、取证（Forensics）、反向工程、恶意软件分析、加密和规避等领域的专家，具有指挥以色列参谋总部谍报局情报收集部门之一的"8200部队"的网络安全团队的经验。以色列8200部队过去与美国国家安全局（NSA）合作开发了一种攻击型蠕虫病毒（Stuxnet），当时这件事情在美国的新闻等媒体中占据了一席之地，8200部队也因此而闻名。

2016年4月，软银公司宣布与Cybereason公司合资成立名为"Cybereason Japan"的公司（以下称Cybereason日本公司），全面导入利用人工智能技术将网络攻击防患于未然的系统。Cybereason公司的系统是通过人工智能来监视网络，人工智能理解正常情况，如果网络中发生了异常行为，它会事先感知并通知管理员。

里奥尔·迪维（Lior Div）先生如是说。

"传统的信息安全可以说是病毒与驱除病毒的疫苗之间的战斗，它的重点是放在阻止特洛伊木马、病毒、恶意软件等有恶意的文件侵入网络，防止感染。这一点正在发生很大的变化。

近年来，通过远程操作网络也会被入侵。一旦被入侵的话，它会在大量的终端间移动并搜索网络中的重要信息。使用恶意软件的情况下，在网络中潜伏一段时间后再启动它，然后通过远程操作在网络内徘徊。用系统管理员或操作计算机的用户注意不到的方法收集企业的客户、会员信息、信用卡信息乃至企业的机密信息等，在网络内部就好像普通终端间的通信、日常信息一样交换着这些收集来的信息。于是有一天会将收集到的文件发送到外部，会送到C & C服务器（Command and Control Server）去。"

图6-25　左边是Cybereason公司联合创始人兼CEO里奥尔·迪维（Lior Div）先生，具有指挥以色列"8200部队"网络安全团队的经验。右边是Cybereason日本公司CEO沙伊·霍洛维茨（Shai Horovitz）先生

为什么操作计算机的人、系统管理员和普通安全管理软件等都注意不到入侵者和恶意软件在收集网络中的信息呢？理由后面继续说明。

"病毒或者恶意软件，或者特殊软件被激活时，传统的系统也能从构造模式等发现文件或可执行代码并进行阻止。但是，若使用如WMI（Windows Management Instrumentation）和PowerShell等任何终端上都存在的软件来进行信息收集的话会如何呢？在Windows环境下这种异常情况是不会被注意到的，即使在后台运行，使用计算机的用户也根本注意不到它。

目前的威胁是不使用恶意软件这样的文件也能进行网络入侵。侵入后潜伏起来，在员工的终端间一边移动，一边活动，所以发现它非常不容易。"

即使进行监控也很困难的是无法判断什么是正常，什么是异常。例如，假设一名员工在凌晨1点启动计算机进行工作。如果由于有紧急工作而需要加班，这是很正常的，但如果和平常根本没有交互的终端进行通信或者试图向未知服务器发送文件，这就是不正常的。

要发现它，不仅仅需要对一台终端进行监视，而是需要对整个网络进行监视。也许是一个怀有恶意的人在外部操作它，但是对于系统管理员来说，要经常监视网络中的所有终端，掌握整个网络的动态，判断其是否异常是非常困难的。这点使用人工智能技术是可以做到的。

首先，人工智能监视网络的所有终端，并学习每个终端的通常操作及其动作。一旦学习了通常操作，就把这个状态作为正常的状态。如果检测到与每个终端的通常操作不同的操作或动作，将发出警告以引起注意，此外，如果察觉到危险动作，会自动切断这种动作（图6-26）。

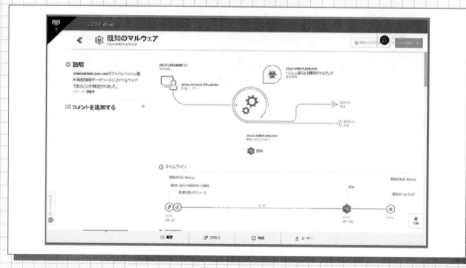

图6-26　Cybereason公司系统的管理画面，可以用时间线按照时间轴来展示恶意软件的经过。在这个例子中，恶意软件潜伏了8个月后开始活动。据说如果不回溯过去大量的日志的话没有办法判断它的入侵路径

《 伊势丹百货新宿店人工智能品酒师活动的后续发展 》

　　由庆应义塾大学人工智能创新企业COLORFUL BOARD公司开发的代表性系统"SENSY"是一个私人人工智能平台（图6-27）。正在推进SENSY在时尚和酒类等领域中的实际应用。 SENSY的最大特点是，人工智能系统学习每个用户的"感性"，并给用户推荐完全适合用户的西服、鞋子、协调搭配的组合等。这项技术是由庆应义塾大学和千叶大学合作开发的，目前正在美国申请专利。

　　那么，每个用户的"感性"是如何进行学习的，又给客户什么样的建议呢？这些可以通过智能手机的应用程序进行体验。

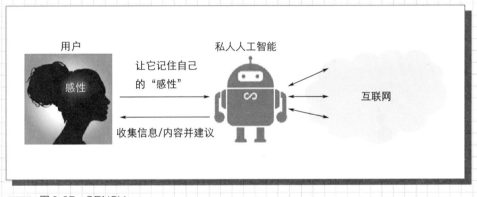

图6-27　SENSY

　　下面介绍的是一个iPhone应用程序，应用程序名"SENSY"与平台的名称相同（可从App Store下载）。

　　用户在启动SENSY之后，"私人人工智能"会询问用户自己喜欢的风格，用户可以从选择项中选择3个选项（图6-28）。

　　私人人工智能基于用户选择的风格推荐几个时尚物品。首先是领带。这种设计喜欢吗？遗憾的是不是自己喜欢的物品，所以按下"差一点"按钮（图6-29）。

图 6-28　SENSY 的界面

图 6-29　SENSY 的"差一点"按钮

由于时尚物品的图像一个接一个地显示，同样点击喜欢或不喜欢。这样，私人人工智能通过这种交流学习了用户爱好的倾向。

这项工作就是让人工智能学习自己的感性，如此不断重复，重复得越多理论上私人人工智能就越能理解人的感性，就能推荐介绍与个人爱好相近的物品。这就是大数据的优势。

做了一定程度的相同工作后，将进行"搭配请求"，要求私人人工智能给出符合用户感性的搭配，这样人工智能会给出搭配的建议（图6-30、图6-31）。

搭配建议显示的是私人人工智能推荐分数高的物品，分数次高的和其他分数的物品可以按照项目进行列表显示，帽子、鞋子、内裤等有不满意的可以变更，当然这种变更也被用作人工智能学习个人喜好的数据。

这样的互动过程是人工智能学习个人感性和人工智能提建议的流程，使用得越多，人工智能将学到越多关于个人的喜好。

2015年，三越伊势丹百货和SENSY合作，举办了学习过伊势丹百货男士用物品买主的知识和感性的人工智能给用户推荐物品及物品搭配的活动。简而言之，就是"人工智能推荐完全符合你的时尚物品和搭配，也能对给伊势丹百货男士用品买主的推荐进行优化。"

这种类似活动在红酒中展开的是，2016年9月在伊势丹百货新宿总店使用SENSY的"AI品酒师"的品酒活动。正如本书开头提到的那

图6-30　基于SENSY的再建议

样，人工智能可以向你推荐完全符合你口味的红酒。

2017年2月，在伊势丹百货新宿总店举行的活动中登场的是Pepper。

"你的味觉似乎对酸味和苦味很敏感哦！"

2月15日至20日在日本酒的卖场，3月8日至14日在红酒的卖场，通过使用Pepper的平板电脑进行了"SENSY品酒师"（人工智能品酒师）活动。

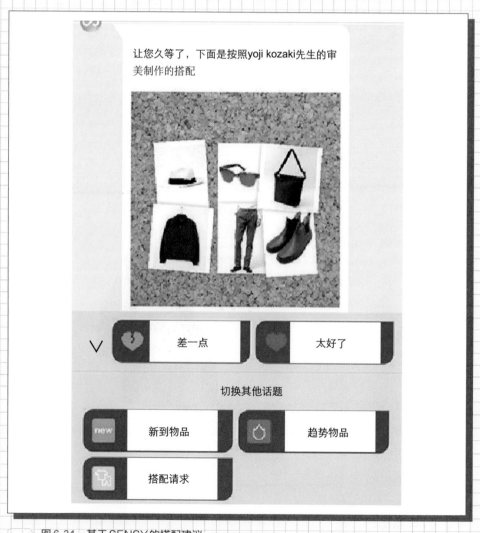

图6-31　基于SENSY的搭配建议

COLORFUL BOARD公司表示，"SENSY品酒师可以与智能手机上的应用程序进行ID联动，所以不仅仅是停留在客户接待的层面，与客户持续关系的构建，促进再次来店［O2O（Online to Office）措施］，基于客户数据分析的采购计划和促销计划等，有助于零售店经营的解决方案的综合展开将成为可能。"（图6-32、图6-33）。

图6-32　通过Pepper和SENSY实现的AI品酒师（来源：COLORFUL BOARD公司
https://www.youtube.com/watch?v=ekpo8mdy W_s & feature = youtu.be）

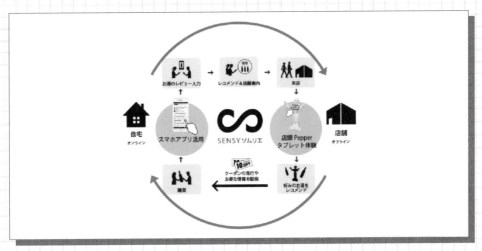

图6-33　除了在活动中吸引顾客外，通过符合客户感性和个人爱好的产品建议、促销信息、优惠券发放等，能够进行多角度的促销和销售

≪ 读取微表情的人工智能系统 ≫

Affectiva公司的"Affdex"是面部表情识别的人工智能。该公司拥有世界上最大的情感数据库和通过深度学习获得情感的人工智能。"精确量化人的情感的软件"是对人工智能Affdex的宣传口号，这一点到现在还被人们认为是不可能的。

根据该公司主页的介绍，它的机制很简单。

首先计算机测定情感。通过视觉传感器（摄像头功能）跟踪人脸的关键点和动作，分析脸部细微的运动，进而将复杂的情绪和数据进行关联[通过该公司自己的算法，确定重要的人脸标志（鼻头、眼眉、嘴巴等），并根据颜色、纹理、光线灰度等进行分类]。识别和跟踪个人脸部几十个准确部位的位置，人在笑、打哈欠、困惑等的时候捕捉各种各样的肌肉细微的运动，并将其作为数据反映到数据库中。

人工智能分析这些信息，并将它和所对应内容是如何关联的信息积累起来。

通过分析人在观看广告时的情绪，或者在授课时的表情等，这些信息可以用在医疗、护理、咨询等方面。当然，也可以把它应用于机器人的情感分析上（图6-34、图6-35）。

图6-34　可以在日本官方网站上的动画视频中进行细节的确认（来自株式会社CAC和Affectiva公司的官方网站）

图6-35　检知并图形化显示观看中的用户（右上角）的情绪波动。上图表明人工智能解析
并识别出了人的微笑（引用自官方动画视频）

取材合作、资料提供单位

Affectiva，Inc.

ASKUL 株式会社

Intel 株式会社

Institution for a Global Society 株式会社

NTTData 先端技术株式会社

NVIDIA Corporation

冲绳德洲会湘南厚木医院

日本 IBM 株式会社

COLORFUL BOARD 株式会社

川崎重工业株式会社

木村情报技术株式会社

谷歌株式会社

公立函馆未来大学

cocoro SB 株式会社

Cybereason Japan 株式会社

株式会社 jena

特定非营利组织法人全脑 Architecture Initiative

株式会社索尼计算机科学研究所

软银集团株式会社

软银机器人技术株式会社

Soft Brain 株式会社（软脑）

千叶工业大学

丰田自动车株式会社

株式会社日本经济新闻社

Facebook Japan

日本微软株式会社

株式会社 Preferred Networks

株式会社瑞穗金融集团

株式会社三井住友银行

株式会社三菱东京 UFJ 银行

LINE 株式会社

株式会社 Chantilly